硬核力

你还在和压力对抗吗

[美] 史蒂文 · 斯坦（Steven Stein） 保罗 · 巴通（Paul Bartone）著
段晓英 方 健 白琳琳 高 琳 译

電子工業出版社
Publishing House of Electronics Industry
北京 · BEIJING

Hardiness: Making Stress Work for You to Achieve Your Life Goals by Steven J. Stein, Paul T. Bartone
ISBN：9781119584452 / 1119584450

版权贸易合同登记号　图字：01-2020-2653

图书在版编目（CIP）数据

硬核力：你还在和压力对抗吗 / （美）史蒂文·斯坦（Steven Stein），（美）保罗·巴通（Paul Bartonc）著；段晓英等译. —北京：电子工业出版社，2021.1

书名原文：Hardiness: Making Stress Work for You to Achieve Your Life Goals

ISBN 978-7-121-40179-4

Ⅰ. ①硬… Ⅱ. ①史… ②保… ③段… Ⅲ. ①心理压力－心理调节－通俗读物 Ⅳ. ① B842.6-49

中国版本图书馆 CIP 数据核字（2020）第 264539 号

责任编辑：刘　殊
印　　刷：北京盛通商印快线网络科技有限公司
装　　订：北京盛通商印快线网络科技有限公司
出版发行：电子工业出版社
　　　　　北京市海淀区万寿路173信箱　　邮编：100036
开　　本：720×1 000　1/16　印张：16.75　字数：230千字
版　　次：2021年1月第1版
印　　次：2021年7月第2次印刷
定　　价：68.00元

凡所购买电子工业出版社图书有缺损问题，请向购买书店调换。若书店售缺，请与本社发行部联系，联系及邮购电话：（010）88254888，88258888。

质量投诉请发邮件至zlts@phei.com.cn，盗版侵权举报请发邮件至dbqq@phei.com.cn。

本书咨询联系方式：（010）88254199，sjb@phei.com.cn。

译者序

作为专业教练，在机缘巧合下，我们翻译了这本书。职业的缘故让教练群体拥有很多与个体和团队进行真实而深度的交流的机会。我们发现，在繁忙的都市生活里，“如何应对压力”这个话题普遍存在的程度好比人人都拥有一部智能手机。不难想象，如果有一款App可以专门帮助人们管理压力，下载量一定非常大。

随着信息化技术的发展和人们工作节奏的加快，在生活的方方面面，人们已经可以享受到比以往任何时候更为优质的服务。然而，这并不代表人们能更轻松和惬意，大家还是会不自觉地、习惯性地被忙碌吞噬，甚至很多时候都不知道自己已经被压力掌控，这不仅导致了大量的失眠、抑郁、脱发等，更会增加患如心脏病、中风、癌症等重大疾病的可能性。

新时代呼唤人们锻炼出一种新的能力，从而驾驭压力、与之共舞，这也是本书的核心——硬核力（hardiness，即坚韧性，本书在能力的塑造方面将其称为硬核力，意为提高坚韧性便代表强化了内核，拥有了硬核力。为了便于读者理解，本书正文内容沿用坚韧性的说法）。拥有这种能力的人，仿若内在练就了一颗硬核，它赋予人们坚实的底气，从而让人在压力面前不慌不忙、不躲不闪，不论面临何种情形，都能从容地掌控。

本书主要围绕坚韧性的三个关键构成要素：承诺力（commitment）、掌控力（control）和挑战力（challenge）展开叙述，这也是本书与市场上其他压力管理类书籍的差异点。坚韧性并不陌生，但是提高起来往往无从下手，而以上三个要素使坚韧性的提高变得有道可循。

本书的前半部分引用了大量例子和科学研究，分别说明了每个要素对于人们构建积极人生和良好心态的价值和意义，并且提供了切实可行的工具和方法来提高坚韧性；后半部分则主要通过数据分析展示不同行业的从业人员的坚韧性与其健康、绩效、领导力等的关系。

本书的两位作者都是情商领域非常资深的博士，他们已经通过大量的实践证实坚韧性是可以通过系统而有针对性的训练得到发展的，这也正是本书将带给广大读者的价值。我们推荐所有职场人士尤其管理者阅读此书，因为坚韧性的强大可以更好地支持个人和团队获得职业上的成功。

翻译此书时正值全球新冠疫情肆虐，我们目睹了因为一场突如其来的灾难给不同国家、地域、行业的人们带来的无尽压力。在变化的世界里，压力是常态，愿你都能增强自己的内核，拥有美好人生！

段晓英

ICF国际教练联盟认证PCC专业教练

国际认证组织关系系统教练ORSCC

领导力发展与高管教练

引　言

随着科学技术越来越融入我们的生活，我们周围的世界也发生了日新月异的变化，人类对于彼此间相互交流的需求也是有增无减。在我们这代人中，有许多人都一定还记得个人计算机首次问世的日子。计算机的出现，预示着它将为人类节约大量时间，这样，我们就可以减少工作时间，增加空闲时间，甚至计划更长时间的休假。随着黑莓手机和iPhone的推出，我们的傍晚、深夜、周末乃至假期，都为工作所占据。我们现在终于琢磨过味儿来了，技术创新并不总是像创造者所认为的那样奏效。它们也并没有实现预期的效果。

我们不仅正在经历一场技术革命，还生活在一个崭新的信息时代。例如，我们对心理健康和心理学方面知识的了解比以往任何时候都多，仅在心理健康领域发表的科学论文的数量就非常惊人。目前，有525种科学期刊发表了数千篇关于这个主题的文章。如果在亚马逊网站上搜索，你可以找到6万本以上与心理健康有关的书籍。而且，这些数字还在一路攀升。

然而，尽管心理健康知识爆炸式增长，并且科学技术的可用性增强，但是我们依然无法控制人类的心理健康问题。事实上，在许多方面，事情变得更糟了。

例如，我们已经看到压力带来的负面影响急剧增加。美国职业压力协会（AmericanInstituteofStress，AIS）的研究报告表明，工作压力无疑是美国成年人压力的主要来源，而且，在过去几十年中，工作压力呈逐步上涨的趋势。由于人们面临各种各样的要求，而能够掌控的程度和范围有限，从而导致工作压力持续升级。针对这些现象的评估结果发现，工作压力与心脏病、高血压和其他疾病的高患病率密切相关。

美国职业安全与健康研究所（NationalInstituteforOccupationalSafetyandHealth）及美国疾病预防和控制中心（CentersforDiseaseControlandPrevention）在关于工作压力的报告中的统计数据令人深思。在一项调查中，40%的员工表示工作“压力很大或极度紧张”。另一项调查发现，26%的员工表示“经常或非常频繁地感到工作中的压力，甚至因为工作而疲惫不堪”。耶鲁大学的调查显示，29%的员工感到“工作压力大或非常大”。随着信息技术的进步，压力问题也随之而来：75%的员工认为他们这一代人比上一代人承受了更多的工作压力。

这些数字不仅造成了经济上的重大损失，人类也为此付出了巨大的代价。据估计，美国每天有100万名员工因压力过大而缺勤。据报道，缺勤/旷工给美国的大型公司每年造成了约350万美元的经济损失。一家大型公司发现，60%的员工的缺勤都是由工作压力产生的心理问题导致的。

那么，工作压力的成因是什么呢？调查发现，46%是由于工作量超标，28%是由于人际关系问题，20%是由于无法平衡工作和生活，6%是由于缺乏工作保障（美国压力研究院，2006年），如图0.1所示。如何让这些问题变得可控？在这本书中，我们探讨了如何更好地管理自己和解决以上问题。希望我们提供的信息和方法能帮助你过上更充实、更轻松的生活。

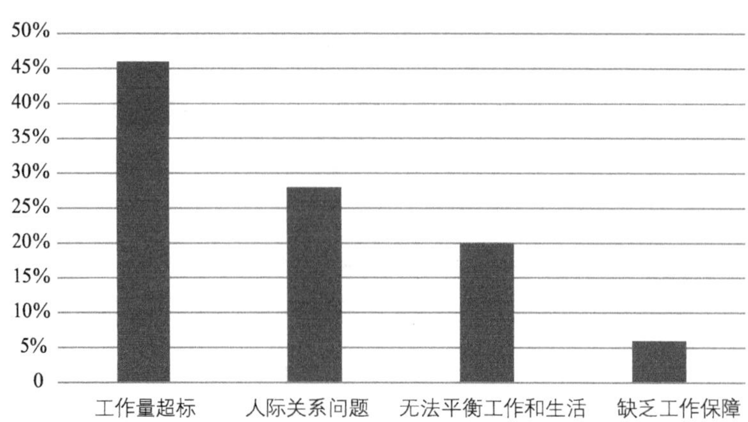

图 0.1 工作压力的成因

本书将介绍一个鲜为人知的新概念（其实也有30年了）——坚韧性，它由三个要素组成：承诺力、掌控力和挑战力。在这些因素的共同作用下，人们会形成一种心理盾牌，从而得以保持健康，甚至能在面对压力和变化时脱颖而出。我们将在整本书中讨论这些因素。

那么，这个概念是如何得来的呢？保罗在30多年前就这个主题完成了他的博士论文。当时，他发现一家公司的不同高管在得知公司即将合并重组这一消息后产生了截然不同的反应——有些人感到极度焦虑和不安，有些人则对变化带来的挑战感到非常兴奋。他对这种现象产生了兴趣。后来，在他的博士论文中，他想研究压力是如何影响蓝领阶层的，于是他选了公交车司机作为样本。果不其然，即便在相同的压力下，不同公交车司机的反应也大相径庭。

在心理学领域，为了研究心理因素，我们需要制定测量标准，并尽可能地捕捉它们。如果测量标准没有经过验证，我们就只能空谈一些理论、想法和观点。虽然这些也都是有用的，但除非我们可以对其进行测量并验证，否则我们不能确定什么是真实的。所以，如果没有对文献记载的研究，本书所提供的各种关于压力和如何管理压力的理论都只是一些建议而已。

在研究过程中，保罗开发了一种工具来帮助衡量坚韧性。心理测量工具对于了解坚韧性及坚韧性对人的影响是非常重要的。该工具最初被称为性格韧性量表（Dispositional Resilience Scale，DRS），经过多年的研究，逐渐演变为DSR15-R。至今，这个测量工具已经被反复修订和迭代，具有更大的规范性样本和更强的适用性。我们将当前的工具称为坚韧性弹性量表（Hardiness Resilience Gauge，HRG）。在多年的研究中，我们正是通过坚韧性弹性量表这个工具，更好地了解了坚韧性。在这本书中谈到的许多研究内容都是基于这个工具的理论。

如今，世界各地有许多从业人员获得了HRG的认证。史蒂文•斯坦博士参与构建和扩展我们在情商领域的知识已有25年。作为开发和升级世界上使用最广泛的情商测量工具（EQ-i 2.0和多因素情绪智力量表）的先驱之一，他长期以来一直对保持情绪健康的因素感兴趣。坚韧性因素属于情商中的抗压元素，所以很适合与情商一并进行探讨。

在这本书中，我们用真实的生活事例来说明观点。其中，我们使用的人名及其得分都已获得了当事人的许可；而虚构的情节是在我们熟悉的人的真实事例基础上略做修改并用了化名，以便保护当事人的隐私。

我们希望，本书中的信息、研究、案例研习、趣闻和练习能让压力变成你的动力，帮助你培养坚韧性思维模式，实现人生目标。

史蒂文·斯坦博士

保罗·巴通博士

目　录

第3章 打造承诺力

第4章 坚韧性–挑战力的作用

第5章 构建挑战心态

第9章 工作中的坚韧性

第10章 坚韧性在音乐/艺术和体育行业中的作用

第11章 坚韧性对应急响应人员的作用

第1章

压力：有什么好大惊小怪的

“对抗压力最强大的武器是我们选择想法的能力。”

——威廉姆·詹姆斯，美国哲学家、心理学家

贝琳达已经提前几周在为这一天做准备了。她的团队指望她飞往纽约的总部，提出他们今年的新计划。这份计划涉及预算的大幅增加，以及整个部门的新方向，估计高管看了会提出很多问题。贝琳达比任何人都更能证明这份新计划的合理性，毕竟整个计划的整合梳理都是她一个人负责的。

一早醒来她神清气爽，已经安排好在去机场的路上送孩子上学。她还特意选了一趟能让她有时间在候机室休息一会儿的航班。然而，当她望向窗外时，她突然意识到一个之前没有考虑到的问题——她的私家车道全被积雪覆盖了，而铲雪工还没来。她突然感到一阵恐慌，心跳加速，脸也变红了。

默数到五，她告诉自己还有足够的时间。

“积极点儿吧，”她心想，“一定能解决这个问题的。”

她把孩子叫醒，让他们帮着铲雪。但雪又深又厚，时间不等人，一分一秒地流逝。她心里盼着学校停课，但学区刚给家长发了短信，全市的学生照常上课，真倒霉啊！

当车道铲干净了一半时，她又开始焦虑起来，她意识到自己正在失去宝贵的时间。于是，她决定脚踩SUV的车踏板，靠四轮驱动车的冲力越过车道上未清理的积雪，开上马路。她使劲踩油门，车突然向后倾斜，又在车道尽头停了下来，车的尾部勉强上了马路。但雪太厚了，后轮轮胎开始空转，车卡住了，怎么也动不了。

她开始踩着油门来回倒车又前进；之后又叫孩子过来推车，但车依然纹丝不动。他们又开始铲雪。贝琳达铲雪铲得上气不接下气，再加上担心错过航班，她觉得自己快要晕倒了。

就这么惊慌失措地过了10分钟，她还是不知道该怎么办。能不能就这样把SUV扔在大街上（一半在车道上，一半在马路上），打车或叫优步

（Uber）走？接下来该怎么办？

突然，她跳出车外跑到街上四处寻找铲雪车。终于，一辆正在转弯的铲雪车映入眼帘，她上气不接下气地跑过去，把司机当街拦住了。

她问司机能否帮忙铲一下她的私家车道上剩下的雪，这样她就能开车上路了。但司机解释说他还有几十个车道要清理，而且进度已经慢了。此时，她感觉自己呼吸急促，上不来气，几乎要累倒了。她哀求司机，告诉他自己必须去机场，这事儿对她来讲非常重要。司机终于答应帮她清理车道。

孩子帮忙向后推车，她终于能上路了。至此，她已经浪费了将近40分钟。她把孩子送到学校，然后赶去机场。但这场大雪导致交通拥堵，高速公路全堵死了。

在高速公路上，她坐在车里，大汗淋漓。心跳又加速了。她非赶上这趟航班不可。终于，她到了机场，把车往代客泊车处一扔，从柜台专员拿到机票后朝登机口飞奔。

当通过安检到了登机口时，她竟被告知航班因大雪而延误了。这让她更焦虑了，因为她知道，所有高管都在等她。当她正要登机的时候，又接到学校电话，说她的小儿子身体不适，在学校吐了。这让她手心出了更多的汗，开始全身发抖。她不得不尝试联系她的母亲，看她能不能帮她接一下小儿子。

在延误了一个半小时后，飞机终于起飞了。到了以后，她打了一辆出租车，以龟速穿过纽约拥堵的道路开往总部。当她试图平静下来，打算在脑子里过一遍演讲稿时，她突然意识到，给每个高管准备的材料竟然忘拿了。这下她整个人陷入了恐慌，无计可施。她从没想到从一大早到现在要应付这么多倒霉的突发事件。现在她感到自己彻底无能为力了。

假如你也经历了这样的一个早上，会有什么感觉？会感到很紧张吗？还是可以将之视为普通上班的一天，见怪不怪？

还记得你上次面临这么大的压力是在什么时候吗？当时是因为遇上了像罹患重大疾病或家人去世这样的人生大事，还是跟工作或上学相关的——演讲、绩效评估或考试评价？还是来自财务上的——因为资金不足，无法完成目标？抑或人际关系出了问题——本该明事理的朋友却没有公平对待自己？也许只是应付日常生活就足以让你紧张了。

为什么有些人会被生活中一点的风吹草动压倒，而其他人似乎能安然无恙地挺过灾难？或者说，两个人经历完全相同的事件，如关系破裂或罹患重疾，为什么他们的反应截然不同？凯茜也经历了与贝琳达类似的事儿，但她有着完全不同的反应。当凯茜面临一个新的问题时，她把它当作一个挑战，然后去解决。她不去想是否会失败，只是一门心思地努力突破每个新挑战。

也许当我们对压力及其运作方式有更清楚的见解时，就开始能够理解这些问题了，然后就能开始学习怎么更好地管理生活中的压力，甚至把压力变成一种优势！

压力不可避免

压力是生活中的必要部分。早期研究压力的学者汉斯·塞利（Hans Selye）说过，人只有死了才不会有压力。每天我们都会面对各种各样的挑战，或多或少都会带给我们压力，会导致我们的身体和大脑产生一些特有的反应。尽管从人类起源开始压力就一直存在，但现代生活似乎变得越来越紧张。推陈出新、日新月异的科技改变了我们生活和工作的方式。新的系统和方法层出不穷，我们的工作量也越来越大。仅互联网就大大扩展了我们可获得的信息，同时，信息误传、网络犯罪及个人数据丢失现象也随之增多。

工作和关系变得更不稳定。更多全球化的业务运营意味着员工必须学会在不熟悉的文化中工作和沟通。变化越频繁，未来越难测。同时，我们也面临着更多与压力有关的疾病和其他问题，包括心脏病、中风、糖尿病、肥胖症、吸毒和酗酒、抑郁症，当然，还有自杀。压力会导致你生病、忧郁，让你变成一个不怎么样的员工、伴侣或父母。

压力有害还是有益：了解其中的差异可以帮你延年益寿

在今日的环境中，你更需要知道如何有效地应对压力。早期关于人对压力的反应的研究大多集中在各种重大生活事件（如离婚、亲人去世或失业）造成的不良影响上。因而我们听到了很多关于“不良压力”的负面结果。

然而，并非所有的压力都是有害的。2012年报道的一项主要研究中提到，近1.86亿成年人参与了美国的全国健康访谈，受访者回答了数十个关于他们的习惯及他们如何应付生活的问题。这些数据后来被用来与国家死亡指数关联分析，以观察人们的习惯和实际寿命之间的关系。虽然死亡原因各不相同，但很多人认为，挖掘这样一个大型数据库至少可以提供一些生活方式和寿命的线索及一些可能的关联。

55%的参与者在接受访谈时都承认自己在当年承受了中度到高度的压力，这个结果不足为奇。如果观察我们周围，无论是在工作上还是在家庭生活中，可能也会得出类似的结果。经过进一步调查，研究人员发现，34%的人描述了在这段时间里压力对他们的健康造成的负面影响。所以，虽然超过一半的受访者承受着很高的压力，但只有大约1/3的人认为这在某种程度上对他们的健康带来了负面影响。

后来，研究人员做了跟踪调查，把死亡记录和被采访者的信息进行关联后，他们惊讶地发现：那些自评感受到高压力但同时表示压力给他们的健康带来了负面影响的人，过早死亡的概率要比其他人高出43%。换言之，那些认为压力并没有带来负面影响的人更有可能活得长久。于是这些研究人员继续探究人们应对压力的方式和他们的寿命之间的关系，最后得出结论：压力本身并没什么不好，关键是如何管理压力。

用研究者的话来说："压力评估是决定健康结果的重要要素。对压力的感受加上对压力如何影响健康的信念，两个要素的协同作用可能增加过早死亡的风险。"

许多其他研究表明，重大压力事件可能导致各种严重的疾病，从心脏病到癌症。但这不仅是压力事件本身的原因，更重要的是人们如何评估和看待这些事件。例如，一项对加利福尼亚州女性的研究发现，在经历过相同的压力事件后，和那些认为压力不是很大的女性相比，那些认为压力很大的女性患乳腺癌的风险更大。正如研究者所说："看法很重要。"人们对生活中同样的挑战会有很不一样的反应，这是个有意思的事实。

面对压力，有人抗拒有人耐受

前面我们提过，凯茜在面临和贝琳达非常相似的情境时，她的反应大相径庭。凯茜非常自信，喜欢挑战，但她仍然会面对现实。她知道并非所有问题都能得到解决。也许航班被取消了，那她怎么也没法去开会。贝琳达可能为自己的失败而感到懊恼和自我批评，但凯茜会找替代方案，比如使用线上会议，或者尝试安排其他日期。

凯茜还会回顾复盘，从中吸取教训，以便在下次面临类似情境时有所改进。例如，提前一天查查天气，或提前安排他人送孩子上学。甚至可能提前飞过去，这样就能保证不会因为天气或其他不可控因素而受影响。她意识到每个人都会有失败的时候，但重要的是你怎么看待和处理它。

身体对压力的反应

布雷特和莎莉都在为公司员工大会上的演讲做准备。布雷特第一次给这么多人做演讲，他要分享的是上季度的财务结果。莎莉也是首次当着这么多人演讲，她要讲的是公司未来的营销计划。预计会有200多名同事来听他们的演讲，但是两个人对于演讲的反应截然不同，以至于让人感觉他们不像去参加同一个会议的。

萨莉说：“我紧张死了，手抖个不停，胃里“翻江倒海”，心在狂跳。昨晚我几乎没睡。”

布雷特说：“哇！你的脸看上去很苍白。你最好喝杯水吧？”

萨莉回应说：“布雷特，你呢？你肯定也很紧张吧？毕竟所有人都要看你的表现。”

“实际上，我还挺兴奋的！我在尝试这些新的图表模板，发现了几个挺逗的图像能让幻灯片更有意思。我迫不及待要在大家面前展示一下！”他有点不好意思地回答，尽量照顾莎莉的不安情绪。

同样一件事，为什么有些人感到焦虑，而另一些人感到兴奋呢？

对于某些人来说，失业会让他们沮丧甚至彻底崩溃，而另一些人把它当成拓展到新领域的机会。有些人似乎能更有效地应对生活中的变化和挑战。近年来，人们将这种能力称为“复原力”（resilience）。是什么导致了个体差异？又是什么使某些人在面对压力时比其他人更容易恢复？我们将向你分享该领域的一些最新研究，并提供一些方法帮你练习提高自己在这方面的能力。

在某种程度上我相信大家都明白，压力在某些层面上是包含生理因素的。我们都经历过生活中的压力，也知道我们在精神上和生理上的反应都是什么样的。无论是短期的威胁还是一种持续困扰我们的问题，面对它们时我们经常会感受到压力。

战斗或逃跑：我们的即刻反应

当进入压力模式时，你的身体会有什么反应？想象你的祖先刚走进森林，猛然发现有只狮子走过来。一看见这只狮子，哪怕只是一个眼神接触，都很可能立即触发他生理上的极度惊慌。

第一波的惊慌会让他感受到强大的压力，这会触发体内的激素，激活他的交感神经系统。突然他的肾上腺开始释放儿茶酚胺，包括肾上腺素和去甲肾上腺素。这让他血压上升，心跳加快，呼吸也加速。快速的心跳和呼吸给他的身体带来了更多能量以便做出反应。血液会流经他的肌肉、腿、手臂和大脑，他的皮肤开始变得红润或苍白。当血液冲向他的大脑时，他的脸色就会一阵苍白一阵绯红。万一他因受伤而失血，这时候的凝血能力也会增强。

同时，他的身体正准备提高对周围环境的觉察，以决定哪个方向是最安全的脱逃路径。他的瞳孔放大，这样可以让更多光线进入眼帘，也让他更能洞察四方。他的身体也开始颤抖，这使他的肌肉绷紧并准备行动。

他所经历的这种突然的惊慌被美国生理学家沃尔特·坎农称为“战斗或逃跑反应”。这意味着“惊慌”使我们在生理和心理上迅速做好准备——通常是身体上的准备，就像上面所说的“战斗”或“逃跑”。这也就是前面提到的生理学家汉斯·塞利所称的“一般适应综合征的第一阶段”（GAS）。当威胁消失后，身体可能需要20~60分钟才能恢复到触发之前的状态。

正是这套系统让我们得以逃避掠食性动物，作为一个物种存活了下来。但如今，我们所面临的挑战和威胁与我们的祖先已有极大不同，然而，我们对于这些不同挑战的反应基本没变。

压力对健康的长期影响

压力，尤其那些被动获取的慢性压力，会对我们的身体产生额外影响。急性压力所产生的生理影响，比如心跳加速和血压升高，如果持续很长时间，可能导致慢性心血管疾病，进而导致中风和心脏病发作。

“压力过大”也会导致对健康有害的行为，其中包括睡眠不足、暴饮暴食、吸烟、吸毒和缺乏运动。所有这些都可能间接和直接影响到你的寿命和幸福生活。

积极应对压力的方法

在本书中，我们将探索很多人成功应对压力的一些积极方法。有些方法在之前的科学研究中已经发表过，有些方法是在根据对不同环境样本群体的研究而开发、应用和改进后的集体智慧的结晶。我们研究的领域涉及各行各业，包括军队、企业、院校等，还有专业人员、演艺人员、运动员（专业人士，如奥林匹克参赛者和业余爱好者）、经理、一线员工、主管、流浪者和家庭主妇。

坚韧性能有效地帮你应对压力

本书讲的是坚韧性。这是我们认为能帮大家有效应对生活压力，甚至能在压力下蓬勃绽放的关键要素。虽然关于坚韧性已经有40多年的科学研究证据来支持，但我们不想让那些研究细节把你弄的兴致索然。在专业书籍和期刊中有很多这样的内容。而本书的主要目的是给普通读者解释明白坚韧性的概念，并提供一些方法和策略帮你提高自己的坚韧性，以及培养应对生活压力的能力。

40多年前，有件事引起了芝加哥大学的一名研究生苏珊·科巴萨的好奇：一拨高管经历了同样的重大企业重组和裁员事件，但他们有不同的反应。科巴萨想知道为什么经历了同样的颠覆性和高压的状况，其中一些高管情绪消沉、低落，甚至引发疾病；而另一些高管似乎越挫越勇、奋发进取。后来，她在《人格与社会心理学杂志》中发表了她的研究结果。研究显示，与在压力重组下保持健康的高管相比，那些有健康问题的高管缺乏某些人格特质。

科巴萨把这种品质称为“坚韧性”。不久后，本书的作者之一保罗把这项研究进行了延展。他分析了蓝领的样本——芝加哥城市公交车司机。他发现，公交车司机的工作压力很大：面对交通拥堵、时间压力，有时还有愤怒甚至暴力的乘客。他的博士论文研究表明，这些工作压力通常会导致一系列健康问题，如高血压、心脏病和胃病；但那些具有高坚韧性的公交车司机很大程度上避免了这些问题，即使工作压力大也能保持健康。

之后，数百项研究证实了坚韧性是帮助人们从高压状态中复原的重要资源。它可以保护人们免于压力对他们的健康、幸福和绩效的不良影响。

认识坚韧性 3C

一个高坚韧性的人，承诺力（Commitment）、挑战力（Challenge）和掌控力（Control）这三个要素协同工作，形成了一种心态或世界观，可以有效地帮助他们在高压状态下保持弹性。即使经历各种压力情况，有这些坚韧性素质的人依然能保持健康和良好的生活。

坚韧性与承诺力

坚韧性–承诺力高的人认为生活总体来说是有意义的，尽管有时会有痛苦和失望，但人间还是值得的。坚韧性–承诺力高的人还有一种力求争取"提升个人胜任力"的劲头，这是哈佛心理学家罗伯特·怀特对其最早的描述。这种个人胜任力有助于人们在新奇和高压的情况下进行现实评估，并增强了其应对逆境的自信心。

承诺力高者即使身处困境，也能看到这个世界的有趣和有用之处。这些人精力充沛地追求自己的兴趣，深度地投入工作，并经常与他人交流。他们也进行反省，能意识到自己的感受和反应。

而承诺力低者通常活得很无聊，在生活中找不到什么意义。无论是上班或失业，他们惶惶终日，没有真正的计划，对未来也没有想法。他们往往不怎么反省，也不和外界打交道；对工作、对自己或其他人不太感兴趣。当遇到困难时，那些承诺力低的人往往轻易放弃。

承诺力金字塔如图1.1所示。

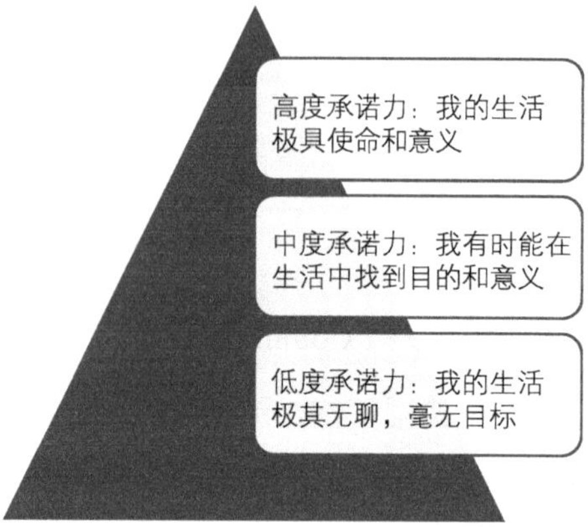

图 1.1 承诺力金字塔

坚韧性与挑战力

首先，具有高坚韧性的人有高度的挑战力：他们喜欢多样化，通常将生活中的变化和混乱视为有意思的学习和成长机会。他们知道生活中总会有问题，所以他们会着手解决，而不是逃避。对于他们来讲，面对新的挑战是一种有意义的自我认知方式，可以帮助他们了解自己的能力，同时能了解这个世界。

相比之下，挑战力低的人更希望生活四平八稳，有可预见性，他们倾向于避免新的或者有变化的情境。这些人可能是非常靠谱的，但面临情况变化的时候并不怎么能适应。挑战力金字塔如图1.2所示。

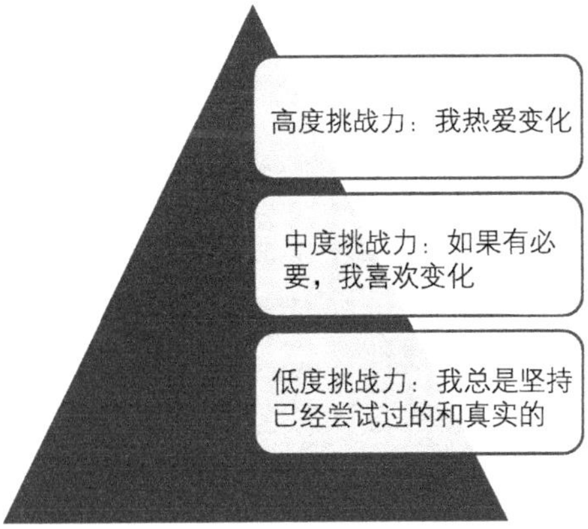

图 1.2　挑战力金字塔

坚韧性–挑战力涉及人们对多样性和变化的感受，以及通过尝试新事物而学习成长的愿望。这方面主要的理论来自菲斯克和马蒂对经验多元化重要性的研究，以及马蒂关于积极参与世界互动的理念。马蒂用“理想身份”一词来形容一种人，这种人过着充满活力和积极进取的生活，渴望多样化和新体验。尽管未来结果通常不可测，但他们还是勇于选择探索并采取行动。另一个形容词是“存在性神经质”，这种人回避变化，总是在熟悉的事物中寻求安全性和可预测性。

坚韧性与掌控力

简单地说，掌控力就是一种信念：相信你采取的行动、做的事真的会影响结果。相比之下，坚韧性–掌控力低的人通常认为自己对于生活中发生的事情无能为力或者很难产生影响。掌控力金字塔如图1.3所示。

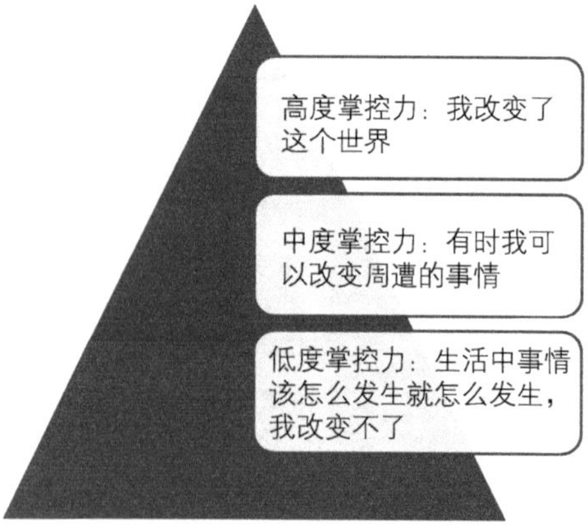

图 1.3　掌控力金字塔

坚韧性中的掌控力要素也源于存在性理论。根据马蒂的观点，存在性人格理论的核心倾向是“为真实的自己而奋斗”，这涉及对自己和周围世界的诚实接纳，以及愿意做出选择并为这些选择承担责任。真实的（坚韧性的）人经常会选择积极参与和投入这世界，而不是追求被动退缩和无所作为带来的相对安全感。

从这个角度看，高坚韧性的人是真实的。尽管未来总是不可测且令人恐惧，但他们认为能掌控自己的命运。众所周知，掌控力高会降低高压力带来的影响。例如，实验研究发现，当实验对象有掌控权时，他们面对电击之类的负面刺激，与缺少掌控权者相比，产生的压力影响会降低。

在接下来的章节中，我们将更详细地介绍这几个方面，并展示如何在各个方面发挥自己的优势。我们还会用应对生活压力的成功案例和失败案例来说明这几个方面的重要性。我们描述的一些事件可能是你熟悉的真实人物亲身经历的，其他则是由本书作者在工作中遇到的一些有意思的真人案例改编的。

第2章

承诺力：寻找生命的意义为何如此重要

“一个人知道自己为什么而活，就可以忍受任何一种生活。”

——弗里德里希·尼采（德国哲学家）

在我们曾经问过的问题中，最难回答的一个可能是："我们为什么会在这儿？"大多数人日复一日地活着，过一天算一天。通常，直到悲剧降临的时候，人们才会驻足思考生命的意义，以及自己是否好好地利用了每一天。而那些坚韧的人，尤其那些我们认为对生活承诺力高的人，往往早已对自己的人生有过深思熟虑，明白什么样的生活是对自己有意义的。

如何在生活中拥抱承诺？许多人给自己的生活设定了具体的目标，或许是想要从事某种类型的工作，或者希望变得富有且有名望；或者想拥有一个温馨幸福的家，又或者志在改变世界；也有人希望结交很多的朋友，帮助他人，去世界各地旅游，参加各种聚会、活动等。所有的目标构成了生命的意义，也成了每天唤醒自己早晨爬出温床的动力。有些人并不那么在意自己的目标——起床，只是为了去上班而已——如果今天的生活一如往常，自然很好；万一没有，那也无所谓。还有一些人则为目标所驱动——有的致力于消除世界贫困，有的就想赚个盆满钵满，有的梦想着成为下个碧昂斯（美国著名女歌手）。这些人都在为了目标孜孜不倦地奋斗。

拥有目标或者拥有有意义的生命，就好比一场有目的地的旅程。你可能一直心系罗马，但永远不曾抵达。然而，承诺力指的是过程中的投入度。承诺力高的人会采取行动，朝着目标而努力，他们往往对生活及周边的世界有更广泛的兴趣，并且知道生活的意义。

承诺力之所以重要还有着另外的原因。有时，人们热衷实现的目标，因对其有很高的承诺力，会成为某种职业或人生使命，我们称为召唤。有些人因宗教的召唤而成为神职人员，有些人因为想要治愈他人而成为医护人员。这些将在本章后面部分进行详细探讨。

承诺力背后的理论是什么

承诺力作为坚韧性的组成要素，能让人积极参与自身及周边的活动。虽然过程中也伴随着失望和痛苦，但承诺力高的人依然认为生命是有意义、有价值的。

坚韧性–承诺力这一主张背后的理论根源是存在主义心理学，这在维克多·弗兰克尔和路德维希·宾斯旺格的著作中可见一斑。奥地利精神病学家、集中营幸存者弗兰克尔认为，人类最重要的任务是要找到生命的意义。在弗兰克尔看来，无论是无聊、冷漠还是抑郁乃至自杀，各种问题的背后皆因生命意义的缺失。

路德维希·宾斯旺格是来自瑞士的精神病学家，也是弗洛伊德核心圈子的成员。他认为，要充分了解他人，就必须考虑到他们是如何看待世界及如何在以下三个层次上与世界互动的。

第一个层次是客观世界或“周边世界”，是指你周围的物质世界和环境，包括你的生活、工作等所有的日常活动；第二个层次是共同世界，也称为“与世界同在”，是指所有你认识并与之互动的人；第三个层次是本真世界或“自我世界”，即你如何看待和思考自己。

坚韧性–承诺力涵盖了这三个层次。承诺力高的人对周边的世界和身边的人非常感兴趣，并且积极地参与到与周围世界和人的互动中。这随之会延展到坚韧性的另一要素，即掌控力。我们将在后面的章节中进行讨论。

从战俘身上学到的承诺力

提到在逆境中生存，战俘的生存环境大概是最为恶劣的。难道还有比面对敌人拷打而且完全与世隔绝更糟糕的吗？战俘所遭受的折磨被认为是最残忍的人为创伤之一。它意味着战俘要忍受敌人施予的蓄意、反复、长期的摧残和虐待。

已故的美国前参议员、总统候选人约翰·麦凯恩（John McCain）就遭遇了这样的命运。在越战期间，他作为海军飞行员，执行从航空母舰上起飞向地面轰炸的任务。1967年，他的飞机在河内上空执行“滚动雷鸣行动”时被击落，飞机坠毁后，他身受重伤被敌人抓捕。

麦凯恩成了战俘，直到1973年才得以释放。在臭名昭著的河内·希尔顿狱中，他遭到了各种殴打、折磨，并染上了痢疾。他体重骤减，持续高烧。这些打击如此沉重，导致他的头发全部花白，一度濒临死亡。麦凯恩是如何维持斗志从而得以幸存的？根据他的描述，让他得以维系生命的关键因素是他对社会的承诺，首先是对狱友的承诺——他不想做任何让他们失望的事情。当敌人得知麦凯恩的父亲是一名海军上将时，由于担心他的被俘将导致多方媒体的关注，便几次向麦凯恩提出要提前释放他。但是，尽管麦凯恩被折磨得几近死亡并且拒绝治疗，他仍拒绝了被释放的机会，他表示应该先让其他战俘回家。

麦凯恩还坚信，与狱友保持交流对他们的生存至关重要。尽管战俘都是被单独囚禁的，但他们还是通过敲击莫尔斯电码的方式依靠地板和墙壁彼此通信，而一旦被敌人发现这种秘密的来往，战俘都会被痛揍一顿。麦凯恩对自己的家庭也很忠诚，他不想在战俘营中因自己的行为令家人蒙羞或被人指责。和大多数战俘营的囚犯一样，他依然坚持自己的理想和自由、公平与民主的价值观。正是这种承诺帮助他度过了长达五年半之久的囚禁、折磨和苦难。

这种致力于更高使命的承诺力会增强你的坚韧性，让你能坚定信念，扛住更大的挑战。这就好比肌肉的锻炼，坚韧性会随着攻克越来越多的挑战而增强。每次超越困难，都会使你的坚韧性变得越来越强大。

有高度承诺力的人通常是积极的践行者，他们时常反思，忠于自省。他们想知道自己是谁，以及自身的优势和弱点。麦凯恩在战俘营的时候，有很多时间反思。他做了大量的思考，明确对自己而言哪些是重要的事情，这其中就包括家人、朋友、狱友，以及能给国家做出的贡献。他曾在低谷时因屈服敌人而签署了一份虚假供词，每每回想起来他都带着些许遗憾，同时带着对残酷现实的一份接纳，那就是“人人都有其极限”。在这一点上，他展示了承诺力的另一个重要方面，即需要认识到人类自身的局限性，而且愿意谦卑地接受这些局限性。

幸免于创伤后压力：“坚韧性－承诺力”对比短期乐趣

以色列研究人员曾经做过一项独特的研究，对前战俘进行了为期17年的跟踪，以发现压力（创伤后应激障碍）带来的影响。他们对前战俘进行了一系列指标的定期评估，旨在发现压力的影响是否会随着时间的推移而增强、维持不变或有所改善。研究人员还通过探索某些人格特征来考量结果是否可以预测。

换句话说，这些研究人员和其他许多研究战争退伍军人的人员都期望能够识别风险或弹性因素。如果他们能够帮助那些经历过极端压力情境的士兵找到免受压力折磨痛苦的因素，我们就可能利用这些发现来帮助其他人应对日常生活中的各种压力。

以色列的战俘研究是专门面向两种不同性格特征的人的，目的是帮助其确定严重压力带来的长期影响。根据先前的一些研究，研究人员认为其中一个很重要的因素是寻求感觉，即人们积极寻求的新鲜、兴奋和强烈体验的程度。愿意挑战高风险（无论是身体层面、社会层面还是财务层面）的人都热衷于寻求刺激。这里的理论是寻求短期愉悦的人，比如去冒险和体验新鲜事物，受压力环境的影响较小，这些人通常在生活中的焦虑程度也较低。

实际上，如果寻求刺激就能帮助人们减轻压力，那么简单地教人们去承担更多风险或更多地去寻找生活中的短期乐趣就可以帮助减压，这还可能为饱受压力影响的人们带来一套全新的治疗策略。

研究人员考察的另一个因素是坚韧性，它包括承诺力、掌控力和挑战力。根据先前对军人的研究，人们再一次发现具有坚韧的心态可能是抵御压力经历中某些更具破坏性因素的好方法。如果坚韧性是一个重要的因素，那么，由此带来的新的干预措施可以帮助人们更好地管理压力。

然而，以色列的战俘研究结果并非完全符合研究人员的预期。在区分创伤后应激症状随着时间推移而加剧或减弱方面，寻求刺激的方式似乎没有作用；另外，坚韧性却在将那些能更好处理自身状况的人与随时间推移持续深受其害的人进行区分方面显示出了价值。高坚韧性的人，即那些通过承诺力、挑战力和掌控力能直接有效地管理压力的人，在研究期间的应激症状显著减弱。虽然许多研究都支持坚韧性在某个时段上对管理压力的有效性，但这是第一个来证明坚韧性作为一种可能的手段可帮助战俘缓解应激症状的研究。

所以我们接着提出，如果能对坚韧性进行筛查并尽早引入坚韧性培训——也就是建立承诺力、掌控力和挑战力，可能对军方大有裨益。试想一下，如果坚韧性能够作为极端情形的保护因素，那么坚韧性技能会为日常生活带来多少好处啊！

对于经历过相互施加极端压力的人而言，坚韧性技能或风格能够令其生活有所不同，即使仅用坚韧性当中的某些要素就可以做到。

强化对生活的承诺

承诺力意味着积极参与和投入自己的活动和周围的世界中，并且有一种胜任感和自我价值感。承诺的对立面是疏离，或者无意义感。玛丽·安妮处在生活的十字路口。她做同一份工作近10年了。作为一家化工厂客户服务部的数据录入员，她认为自己在事业上没有什么上升空间了，感觉像陷入了一个死胡同。每当想到自己的处境时，她不禁独自生气。时间长了，她开始出现一些身体上的症状，包括头痛、胃痉挛，并且偶尔头晕。她开始上班迟到，头痛得太厉害的时候甚至几天都不能去上班。她面临失业的风险，感到走投无路。

由于玛丽·安妮在工作上的表现越来越差强人意，她被人力资源经理艾丽西娅“请喝茶”。艾丽西娅很快就发现，玛丽·安妮在工作中是多么得不开心。经过一番了解，艾丽西娅发现玛丽·安妮其实对活动策划很感兴趣。她不仅策划了自己的婚礼，还策划了她妹妹和几个朋友的婚礼。此外，她在工作当中最开心的是有机会帮助营销人员做会展策划和布展。

艾丽西娅建议玛丽·安妮在业余参加一些活动策划的课程，她俩都认为玛丽·安妮对这个领域是有一些兴趣的。这样，一旦营销部门有合适的机会，玛丽·安妮就可以申请。突然间，玛丽·安妮觉得自己有了一个目标，一个她可以为之奋斗的目标。这样的一个目标对她来说很有意义，而且对于追求这样的目标，她也动力满满，因此她的承诺力很高。她不仅感受到了新的希望和方向感，而且头痛和胃痉挛也很快消失了。

克服这些感觉和症状的能力增强了她的坚韧性。坚韧是建立在成功克服困难的经验之上的。每次当你克服了生活中的挑战时，你就锻炼出了更多的

“坚韧肌肉“。

那么，你能从玛丽·安妮的经历中学到些什么呢？花点时间思考什么对你来说是最重要的、有趣的、有意义的，以及你的个人价值观和目标。在现在的生活和工作中，你是否有足够的获得感？想想如何改变你的生活，以达到更多的目标。想想应该如何提高你的坚韧性。

维克多·弗兰克尔：目的、承诺力和意义

为什么有些人在经历了极其可怕的事件后，仍然能够走出困境并继续自己的生活？有的人继续过着相对平凡的生活，而另一些人取得了巨大的成就。著名精神病医生维克多·弗兰克尔为这种现象提供了一种解释，他曾是“二战”期间位于特蕾西恩施塔特的劳工营和奥斯威辛死亡集中营中的幸存者。

弗兰克尔开发了一种称为意义疗法的治疗方法，他在战前首次将其概念化。他认为这一疗法的原理帮助他在纳粹集中营中生存了下来。即使在得知他的母亲和弟弟在奥斯维辛集中营被杀害，而他的妻子在伯尔根–贝尔森集中营被杀之后，他仍然坚守着信念。在他的书《寻找生命的意义》（*Man's Search for Meaning*）中，他对这套治疗方法进行了详细的描述。

总体来说，弗兰克尔有三个核心观点。首先是“意志自由”。这意味着人们可以自由选择——无论是内在的心理条件还是外在的生理和社会条件。他认为，人的本性就是在生活中为自己做出选择。即使当我们遭受的那些困境（如罹患严重疾病）让我们无能为力时，我们依然可以选择如何继续走下去。

弗兰克尔的第二个主要观点是“意义自由”。这意味着我们不仅是自由的，而且可以自由选择实现我们的目标和使命。而这也是大多数人主要的

内在动力来源。当人们无法为生活的目标或意义而奋斗时，他们很可能感觉生活毫无意义。反过来，这又会导致无聊，并增加他们的攻击性、上瘾、自杀、抑郁和其他各种心理或生活疾病的风险。

最后，弗兰克尔谈到生命的意义。他认为这和责任有关。因此，自由或者实现自由虽然是一件好事，但如果我们不负责任地使用这种自由，将其浪费在毫无价值的事情上，那它就没那么有意义了。因此，真正的意义是具有特定场景和有目的性的成就。而这将我们带入一个新的高度，从不切实际、虚无缥缈的幻想到脚踏实地的成就。

意志自由、意义自由和生命的意义这三个观点加在一起，提高了我们的坚韧性。通过知道我们在生活中有选择、有使命，并可以践行这些选择，让我们变得更强大，更有复原力，在生活中变得更坚韧。当我们面对人生中的下个挑战时，这种坚韧性会使我们更有力量。

近年来，对弗兰克尔的观点也有一些批评的声音。其中一些观点认为，目的不一定仅限于为人类的利益服务。弗兰克尔相信他的目的是从死亡集中营中活着走出来，以便于他最终可以通过治疗、演讲和写作来帮助其他人。但是，目的也可能有其阴暗面。例如，饱受困境的纳粹士兵激励自己的方式是实现他们的（黑暗的）目的——消灭世界上的犹太人。

所以使命应该以善为本——有目的的行为是为了让人类、动物或地球变得更好。虽然仇恨可能也会给某些人带来意义感，但仇恨会给个体和公共健康带来沉重的代价。事实上，在我们自己的一项关于仇恨的研究中，我们发现，导致仇恨的因素之一——不宽容（不愿了解其他人）与坚韧度呈负相关。换句话说，高坚韧度的人更宽容，并且更愿意向他人学习。

你花了多长时间思考自己的人生目标？你认为人生中最重要的事情是什么？对于某些人来说是养家糊口。你生活的优先级排序是以家庭、工作、事业、金钱、改善环境、消除贫困、名望、教育还是（______________________）？

考虑一下你的价值观并写下对你来讲生活中最重要的是什么。

____

承诺力对于成功的作用——金·凯瑞的故事

金·凯瑞是著名的喜剧演员。他曾两次获得金球奖，并且是福克斯短景喜剧片《生动的颜色》的演员。他曾在《神探飞机头》，《阿呆与阿瓜》和《变相怪杰》中担任主角，这也让他成为一名票房大卖的喜剧演员。他在《楚门的世界》和《月亮上的男人》中的表演让他获得了金球奖最佳男演员奖。

但是凯瑞的生活并不总是一帆风顺的。事实上，他的成长经历相当坎坷。他出生于多伦多以北的安大略省纽马克特，从小家境贫寒。但他从小就喜欢表演，只要有人看，他就愿意演给任何一个愿意花时间看他表演的人。在他十几岁的时候，他的家庭陷入了严重的经济危机，他们被迫搬到士嘉堡，多伦多郊区一个较小的地区。

为了维持生计，他和他的父母不得不在一家工厂做保安和清洁工。金每天放学后要工作八个小时。他的学习成绩和精神都因此受到了影响。当一家人离开工厂时，他们像游牧民族一样在一辆大众露营车中生活，直到他们回到多伦多。

尽管如此，凯瑞还是把自己看作一个艺人。即使经常被人嘲笑并觉得他没有天赋，他仍然去参加脱口秀开放麦和试镜。最终，喜剧演员罗德尼·丹泽菲尔德注意到他，并给了他第一次机会。

尽管经历了这些艰难的至暗时刻，凯瑞始终相信自己，相信自己终有一天会成功。他也得到了家人的大力支持。即使在最困难的时期，他的父亲也开车带他到当地的脱口秀俱乐部参加免费的开放麦表演。

他有一个真正的人生目标。1997年2月17日，在和奥普拉·温弗瑞的采访中，他透露，自己作为一名苦苦挣扎的演员，曾经用视觉化来帮助自己。他还说，他当时想象自己因为“提供表演服务”而拿到一张1 000万美元的支票，并且把它放入口袋。7年后，他还真的因为在《阿呆与阿瓜》中的表演而获得了一张1 000万美元的支票。

生活中的逆境似乎提高了凯瑞的坚韧性。尽管经历了许多次失败，但他始终不忘初心，坚持梦想。他的坚韧性充当了一面盾牌，每当经历了一个坎儿之后他都能给自己打气：“好吧，这很糟糕，但是我曾经历过比这个更糟糕的，这还算个事儿吗？”

你可以从金·凯瑞的经历中学到什么

有时候，我们设定的目标似乎无法实现。治疗师可以使用“视觉化”这一技巧帮助来访者，体育心理学家也同样可以利用它来帮助顶尖运动员克服心理障碍并取得成功。一旦你知道了自己的目标，未来想要去哪里，并且有动力去实现它，那么你的坚韧性–承诺力就会发挥作用。

视觉化涉及想象自己实现那个目标的场景，还可能涉及实现那个目标的步骤及可能遇到的障碍。这是一个可以帮助你保持甚至提高承诺力的过程。此外，它还可以给你带来更多的目标，而这又成为不断尝试达成目标的原因。思考一下你未来可能想获得的一些东西。想象一下自己实现了其中一些目标的场景。

当承诺成为召唤：音乐家的成功因素

成为一名成功的音乐家需要什么？音乐界的竞争非常激烈，所以只有一小部分梦想着以音乐为生的人能够实现这个目标。如果我们了解更多有关该领域成功的要素，也许就能帮助我们去理解其他竞争较弱的领域的成功。

本书的作者之一史蒂文在一个非营利项目上贡献了大量时间，该项目旨在帮助早期职业音乐家学习与音乐事业相关的经营、法律、市场营销和心理方面的知识。他给这些艺术家进行了性格测试，其中之一就是他们的坚韧性。我们进行了一项长期研究，判断坚韧性对这些年轻的艺术家们在获取成功（或缺乏成功）上发挥的作用。

幸运的是，业界针对音乐行业已经开展了相当多的研究以寻找到成功的法宝。而最流行的观念之一是，对于音乐艺术家的最佳预测是基于音乐方面的天赋和能力的。所有拥有最畅销歌曲的艺术家都是最有音乐能力和天赋的音乐家或表演者，这看起来非常合乎逻辑。

曾经有一项创造性的长期研究，关注的是天赋（音乐能力）和内在动机的作用（也称为“召唤”）。该研究对450名业余高中生音乐人进行了11年的调查。从青春期到成年初期，研究人员对受试者进行了多次调查。

对于“召唤”一词，你也许并不陌生。有人说自己在人生早期就有了内心的召唤要去助人，并且跟随着内心，例如进入医学院学习并成为医生；也有些人可能在很小的时候受到宗教的召唤而成了神父、牧师或祭司。召唤的另一种理解可参见史蒂夫·乔布斯那句众所周知的话：“成就一番伟业的唯一途径就是热爱自己的事业。如果你还没有找到，继续找，不要停顿。”

里扎和海勒从音乐老师那里收集了学生的音乐能力等级及他们曾参加过的比赛和获奖信息；他们还对学生进行了调查，了解了他们对自己音乐能力的评价。有趣的是，根据专业人士的评估，学生的实际音乐能力与学生自我感知的能力并不匹配。换言之，有些学生相信自己比老师认为的更有才华，而另一些学生认为自己被老师高估了。

你可能希望通过客观评价天赋及能力水平来作为该群体最佳成功预测的指标。但是，当研究人员预测谁能成为成功音乐家时，并非从实际才能方面去预测；恰恰相反的是，那些自称获得了某种召唤和自己感知的能力评价（而非对天赋才能的客观评价）更能预测成功。

具备某种召唤意味着什么？对于本研究及其他类似的研究，一个人的召唤程度取决于他们对一些特定信念的认同程度，比如：

如果不能投身于音乐，我的生活就没有意义。

我对弹奏乐器/唱歌充满热情。

音乐一直与我相伴。

对类似理念的认同度越高，所能感受到的召唤程度就越强烈。如果你致力于自己的召唤，你就必然会实现它。才华横溢的音乐家屹立于大陆之林，但如果这不是他们的使命召唤，他们也很难坚定不移，也就不会像那些致力于追求自身使命的人那样获得成功，即便这些音乐家不是那么有天赋。

请思考一下在自己生命中有意义的事情。通常，你会多久思考一次？你会采取什么行动去实现它们？你还会做其他事情来使它们变成自己生活的一部分吗？

关于坚韧性心态，我们所知的妙处之一就是它是可改变的。实际上，你可以通过学习让自己更加专注于生活中的某些事情。在下一章，我们将探讨一些特定的方式来增强你对生活的承诺力。

第3章

打造承诺力

“仅仅活着是不够的，我们应该下定决心让自己活得有意义。”

——温斯顿·丘吉尔，英国政治家兼总理

考虑承诺似乎与解决你遇到的大大小小的压力沾不上边。你可能看不出思考生活和你日常活动的严格程度之间有任何明显的联系。就像拳击手在健身房中举重一样，健身馆在时间和空间上都没有参加实际的拳击比赛，但事前准备是成为一名成功运动员的必要条件。同样地，你可以做一些练习来帮助自己建立承诺，从而保护自己免受压力带来的负面影响。

承诺力意味着积极参与并投身于各种活动和周围的世界中，它会让你产生一种成就感和自我价值感。承诺的对立面是疏离，或者无意义感。鉴于这一点，我们一起来看看一些有助于打造坚韧性–承诺力的方法和步骤。

花些时间去思考：什么事对你来说很重要并且是你感兴趣的

大多数人每天都忙忙碌碌。每天的日常活动及来自智能手机的各种信息消耗了我们大量的时光。通常，你会多久试图让自己停下来，做个深呼吸，思考一下自己的生活？你是否真的知道哪些东西对你而言是重要的？你是否知道自己正在为哪些事情努力？我们每个人都有自己的价值观，而我们在生活中所做出的各种决定正是建立在这些价值观上的。然而，对于大多数人而言，这些价值观很少被真正清晰地阐述过，哪怕在个人意识层面对自己的价值观有所觉察的人也寥寥无几。

有时候，让自己停下来做个盘点很重要。你对生活的满意度如何？你可以尝试着把生活拆分为以下主题，并分别给出评分。如果用1~10分来为每个主题的满意度评分，你的结果是什么？

工作/学校

家庭/婚姻

朋友

健康

健身

饮食

休闲时光

兴趣爱好

自我发展

事业

社区

退休

宗教/灵修

现在，请认真地体会一下每个主题，想一想它们在你生活中的重要程度。对你而言，当下最重要的是什么？你是否处于事业刚刚起步的阶段？是不是需要花更多的时间在家庭方面？你是否正在寻觅一段重要的关系？你有没有特别想要从事的某项爱好或活动？你是否正在筹划辞职，打算寻找一些不同的东西去开启一个新篇章？你是否需要花一些时间让自己空下来好好进行一番自我探索？你是不是正在考虑退休？

然后，请按照每个主题对你的重要程度，对它们排序（见图3.1），看看满意度分值排在前三位的主题分别是什么，并对比一下这个排序与你想要的分值之间的差距。

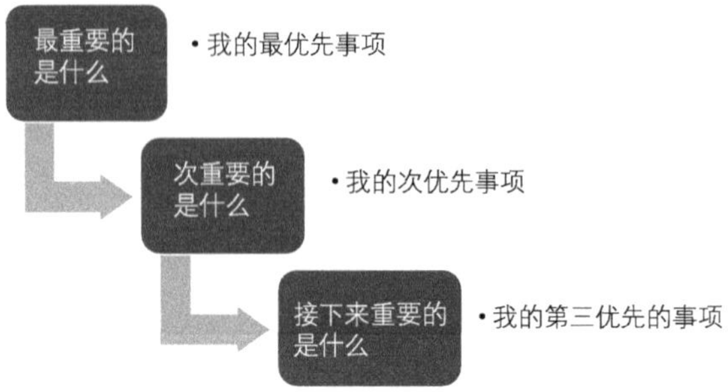

图 3.1　设置优先事项

通过了解生活中对你重要的事项，你就能更好地了解自己的价值观。对你最有意义的事情才是最重要的。当你更清楚地了解自己的价值观后，就可以更好地做决策。同样，关于坚韧性–承诺力，那些自我意识强烈的人的承诺力也更强，他们知道自己的立场，也就是他们知道自己为什么而坚持自己所做的事情。

承诺力会提高你的坚韧性。通过了解自己，知道自己坚信的是什么，你就能变得更坚强。反之，立场不够坚定的人通常对自己不够确信，他们犹犹豫豫、挑三拣四，难以战胜困境。一个人的坚韧性越高，就越能够坚持立场。你会在确信合理的情况下改变方向，同时经得起无谓的批评。

你是否面临着工作与生活平衡难题的困扰

乔尔在一家大型跨国公司担任中层经理。他非常忙碌，尽忠职守，勤勤恳恳，一周工作60小时对他来说稀松平常。因此，他很少有时间陪伴家人和朋友，更不用提培养自己的兴趣爱好了。他渴望能有更多时间陪伴孩子，但是公司早晚都有工作会议，让这个想法难以实现。

不久，他的工作开始出现问题。乔尔的工作压力太大，没有足够的精力完成目标。好在他的主管及时注意到这个现象，并为乔尔安排了一名教练去支持他重回游刃有余的工作状态。在这个过程中，教练让乔尔对上述主题进行了优先排序并打分，还给他做了坚韧性弹性量表的测试。通过以上手段，教练帮助乔尔找到了他生活中最重要的事情：显然，乔尔非常看重能够与家人和朋友拥有更多的休闲时光。同时，他在承诺和掌控方面的得分较低。乔尔发现：当下，他几乎无法掌控自己的生活，也不知道如何安排自己的时间。在教练的帮助下，他制订了一套计划，取消了一些既定的工作安排，同时优化工作时间，从而让他能更聚焦（目的是提升工作质量），制定切合实际的工作时间表。

乔尔在家庭、休闲和朋友等方面的不快乐及他内心对这些主题的优先级排序需要他重新调整生活。安排好优先事项让他更加能集中精力于自己真正在乎的东西；同时，正是因为确保了重要事项的处理，并在自己真实的需求上投入了更多时间，乔尔的生活变得焕然一新。

与此同时，他还认真探索了自己人生的意义及对生活中各类事件的掌控度。教练通过示范教会他如何在日历上预订好家庭休闲时间，把这项内容提升到与公司会议同等重要的程度。乔尔终于看到了生活中的变化：他不仅增加了与家人的陪伴和休闲时间，而且感受到自己更加放松了。这些变化让他变得更坚韧，同时拥有了更多应对挑战的能力。工作中他也更能专注于工作的各项事务，这些变化都被上级和同事收入眼底。

提升对于自己而言重要的领域的技术和能力

正如我们在乔尔身上看到的那样，他的改善得以实现的重要因素来自他对时间进行了重新安排。同时，在教练的指导下，他改变了对工作的看法，重新评估了自己的生活。然而，仅是这些，还不足以让他真正实现转变，他需要做更多。

乔尔需要一些激情来推动自己继续前行。对此，从事自己喜欢的活动，投身于兴趣爱好便是一种很好的方式，可以帮助我们填补生活的空白，增添更多动力，从而让我们能更全然地拥抱生活。当我们对所做的事情满怀热情时，我们就会更加投入。在教练过程中，乔尔回忆起他曾经一度痴迷于表演，在上高中时他还考虑过读大学时要专门攻读戏剧，但他的父母亲认为这既不能让他轻松地谋得一份差事，也无法让他在经济上得到持续性保障，最终他打消了这个念头。

乔尔在高中时的一次演出中担任过主角，之后便迷上了戏剧。演戏对他来说小菜一碟，他非常享受在观众面前表演，很有激情，也赢得了很多演员、老师和观众的称赞。然而，高中一毕业，他就放弃了在戏剧上继续尝试的念头，他专心念大学，毕业后没多久便进入了职场打拼，几乎没有空闲时间。

然而，在教练过程中，乔尔发现只要他一想到表演，自己就能感受到一阵莫名的兴奋。教练告诉他，当地有几个社区剧院经常有演出，而且，当地的大学和镇上一家专业剧院都有设置表演课程。他们制订了一个进修表演的计划，乔尔参加夜间戏剧班，帮助自己进一步磨练表演技巧。

回想一下你在孩童时代所热衷的那些事情吧（见图3.2）。你弹奏过乐器吗？你是否曾经喜欢舞蹈、艺术、摄影、园艺、唱歌、演讲表演、运动、编程、烹饪、烘焙、音乐、写作、大自然或者别的？当你做那些事情的时候，你有着怎样的感受？你为什么喜欢做那些事情？有没有想过要重新拾回来？还需要提升哪些技能？

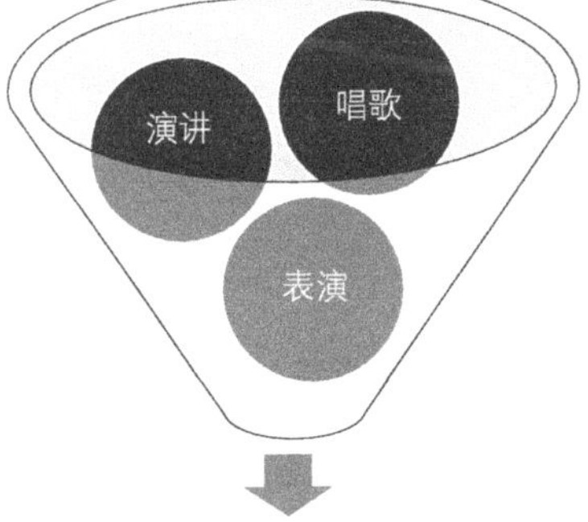

图 3.2　孩童时代热衷的事情

学习这些技能，不仅能让你减轻压力，从而更投入、专注地生活，还将让你更满意自己的状态，更能感觉到自己及自己对世界的价值。史蒂芬，也就是本书作者之一在他的孩童时代曾经学过萨克斯，虽然他有30年没碰过萨克斯了，但现在他再次投入这项爱好。他认为弹奏乐器给他带来的不仅是快乐，还能让自己用到平时日常活动中无法启用的另一半大脑。他说："自从重新吹起萨克斯，我便加入了好几个社区乐队，这让我感觉仿佛回到了高中时代在校队演奏时的美好时光。"

由此带来的额外收获是，他发现他们可以在老年人居住地和退伍军人医院举办音乐会，让那些受限于居住环境的人体验现场版娱乐节目，用音乐把老人带回歌曲所在的年轻时代。在他看来，音乐有着无与伦比的魔力，而乐队现场演奏也总能让人热泪盈眶。有时音乐会结束后，观众还会讲述自己铭记的、属于那个时代的故事，比如去镇上与本尼·古德曼或格伦·米勒乐队跳舞。

为过去的成功与成就而自豪

乔尔接受教练期间，还有一个觉察到的部分是他对自己过去所取得的成就，尤其工作中的亮点不以为然。乔尔曾在一家大型全球性企业有过从业经历，而这家企业以只雇用最优秀的人才闻名，该组织的聘任要求极为苛刻，其中的人才大多来自常春藤盟校。乔尔在这家企业工作期间的表现非常出色，曾获得多个奖项。当他的教练请他写下自在那家公司工作以来的成就清单时，他需要很费劲地思考，花了很长时间才想到之前的一些成就。

平日里，我们总是忙忙碌碌操劳着各种琐事，很少有意识地让自己驻足片刻，去欣赏自己引以为傲的事情。请回顾一下过往的成就，不管是工作中的还是生活中的（见图3.3）。你是如何让企业受益的？你是否用某种方式曾经帮助其他同事？你有无帮助过自己的团队或企业实现某些目标？你在工作或个人生活中有特定目标吗？你是否有想要在季度末、半年中、年底前、两年内待完成的工作？有没有设想过自己5年、10年的目标？

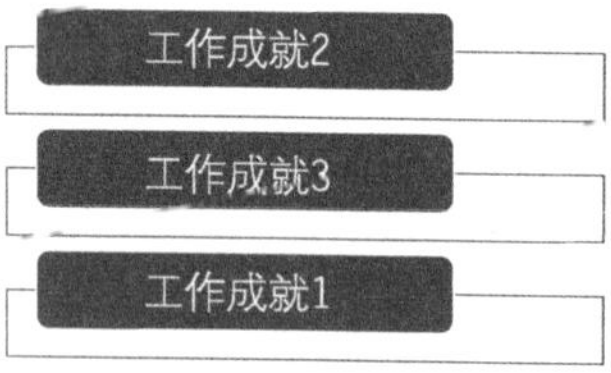

图 3.3　工作成就

拥有目标并付诸行动会让我们拥有成就感，也能加强我们对自我的承诺。实现目标的一个重要部分是认可过去所取得的成功。这么做并非自负或傲慢，而是真诚地去欣赏自己做得顺心如意的事情，这种良好的感觉有助于激励我们进入下个阶段。

既往的成就会使我们信心满满，从而奔赴更为伟大的梦想。当我们的行为惠及他人——无论是个人、群体、团队、组织、社区、社会还是世界，我们都会感到更加坚定并愿意继续前行。帮助他人带来的满足感和成就感本身就是强大的动力。

请拿出一张纸，尝试把过去一年中自己引以为傲的好成绩全部列出来。如果你有对自己而言重要的人、兄弟姐妹或私密好友，下次和他们见面时可以和他们说说你最骄傲的那些事情。告诉他们过去一段时间你做了什么，你觉得这些事情非常不错，只是想分享给他们。

铭记生活的美好，知足常乐

接下来我们要探讨的领域是让自己花些时间去记住那些在你的生命中遇到的美好。每个人的过往都有些许美好回忆，然而我们总是忘了去欣赏生命中美好的点点滴滴。这世上有太多太多值得感恩的东西——它可能来自自己的家人或朋友，也可能来自我们的社区乃至国家。心存感恩将帮助你更强烈地感受到生命的珍贵和价值——这就是承诺的感觉。每个人的生命中都有太多值得感恩的。人们早就发现，感恩好比一颗神秘的药丸，它能对生活产生重大影响。而心理学家的结论也表明感恩是一种极为强大和具有疗愈作用的感受。也许感恩的作用远不止于此，值得肯定的是，感恩是应对精神健康问题的有效解毒剂。

弗吉尼亚联邦大学的心理学家曾经展开一项大型研究，旨在探索感恩在预防精神疾病方面的作用。2 621人参与了该调研，研究人员指导他们进行了精神疾病和药物使用障碍终生风险的详细测量，另外还有态度和信仰相关因素的测量。这些测量涉及的因素除了感恩，还有宗教信仰、宽容程度、报复倾向、社交生活及对上帝的信仰度等。

评估结果显示，感恩与评估到的九种精神障碍有着显著关系。对生活越感恩的人，患上严重抑郁症、广泛性焦虑症、恐惧症，以及尼古丁依赖、酒精依赖、药物依赖或滥用的风险越低。此外，研究人员还发现感恩能降低神经性贪食症的发生。神经性贪食症是一种极具破坏性的饮食失调症，患此症的人会在过度进食后强迫自己反流。同时，研究人员还有一个特别有趣的发现，采取加强感恩的心理干预方式可以改善体形。

感恩是如何帮助人们提升韧性，改善心理健康从而更加投入地去生活的呢？其背后的原因在于感恩能够让你的注意力远离日常的各种困扰，将自己从问题中抽离，并刺激大脑产生积极情绪。这就好比给你的消极情绪来一脚急刹车，然后给积极情绪踩上一脚油门。积极的情绪可以改变我们对世界的看法。研究已经表明，当一个人处于积极情绪中时，他对世界的看法就变得更加开放。这样会使你看到更多，能开拓你的视野。只是记住那些让自己心怀感激的事情就能增加你的生命价值感和意义感，由此也增强了你的承诺度。

类似感恩的积极情绪会刺激大脑边缘系统的各个区域，具体而言，这种刺激将直接减少大脑杏仁核区域的活动，而消极情绪与杏仁核的活跃度增加有关。此外，积极情绪还与大脑中多巴胺水平升高相关联。因此，一个人表达的感恩越多，就越能体验到这些积极的联系。而且，练习越多，就越容易把自己的负面或中立情绪转化为积极情绪，从而把你从负面情绪中解脱出来。

感受到积极的情绪将使你对周围世界的态度变得更加开放，让你更乐于投入自身的幸福状态和周边世界。当你这样做的时候，你的自信心水平和价值感将大幅提升，与此同时，积极的情绪可以帮助你找到生活的意义。

因此，当下次经历了一些感觉良好的事情时，请你花一些时间来感恩吧。它不仅在向你身边的人发出积极的信号，而且对你的心理健康大有裨益，帮助你建立坚韧性–承诺力。

与关爱的家人、朋友和其他人共享时光

与他人相处可以有很多好处，也就是心理学家所称的“社会支持”。当下，似乎每个人都很忙碌。但是，如果你思考一下，在你的弥留之际，你最

想说的话会是什么？你会说“我希望在工作上花更多时间”还是“我希望花更多时间与家人和朋友在一起”？

能够与家人和朋友，尤其那些与你有着密切情感联系的人共度时光不仅是一件好事，更重要的是它也有利于身心健康。犹他大学老师、心理学家伯特·乌奇诺总结了数十项关于社会支持与健康之间的联系的研究，表明积极的社会支持与心血管、神经内分泌和免疫功能之间存在着特定的联系。

你可能感到好奇，多开展社交活动会对健康带来了怎样的影响？它是如何提高人们的坚韧性的？研究人员发现有两种社会支持方式可以改善人们的健康和坚韧性。一种是你身边的人可以支持你用更健康的方式来生活。他们会在你生病时支持你去锻炼，要求你合理饮食和杜绝吸烟及配合医疗方案。他们或许直接给你提供信息，给予不断的鼓励；或者间接地帮助你看到享受生活是很值得的，让你去做那些延年益寿的事情。身体健康会提升耐力，而更大的耐力可以提高你的坚韧性。你的身心将拥有更充沛的精力以应对生活中的挑战。另外，通过加强你对生活的渴望，也增强了你对生活的承诺度。

另一种社会支持方式是通过心理作用，与家人和朋友互动会直接改变你看待、感受或体验情感的方式。实际上，这带给你的是更强的掌控感。已有证据表明，情绪和感觉能影响个人的医疗状况，比如心血管方面和免疫系统有关的疾病。前面也提到，积极情绪会刺激大脑，使注意力从问题或中立的情绪上发生转移，并提高坚韧性。所以与自己喜欢的人建立的积极社会关系越多，这些神经联系就越牢固。

已经有许多研究着眼于了解社会支持在防治心血管疾病方面的作用。例如，研究表明，仅是有喜欢的人在身边陪伴就可以帮助人们降低血压，此时，社会支持如同营造了一个缓冲区，降低疾病的有害影响。身边有朋友的存在有助于建立积极的感觉，而这些感觉反过来可以防止压力对心血管系统造成的某些负面影响。

社交可以建立坚韧性–承诺力：它让你忘却工作方面的问题，与孩子一起玩耍，可以畅谈问题，尽情参与自己喜欢的活动，改善自己的幸福状态。

因此，花更多时间与朋友和家人在一起是一种提升健康水平、提高坚韧性和管理压力的重要途径。人们常常低估了社会活动的好处，却不知道它是一种可以快速、轻松实施的干预措施。随着社交活动的开展，承诺水平也进一步提高。人类天生就是社交型动物，与他人建立联系很重要，与关爱的人共享时光会增强你对社会、世界和周围人的承诺度。

关注身边发生的一切

建立坚韧性–承诺力还要求保持觉察，并且参与到你所居住的社区和周边世界。你是如何知晓身边发生的事情的？你是否与本地、国家乃至世界上发生的大事保持同步？糟糕的是，我们生活的这个时代为擅长传播最坏消息的新闻机构所主导——他们可谓是“越血腥越吸睛”。

此外，我们都知道很多新闻纯属虚构。当铺天盖地的信息从这些渠道涌现，包括电视、广播、报纸、杂志、社交媒体、播客、博客及大量的在线媒体等，我们几乎无法辨认要相信谁或相信什么。这又该怎么办呢？

你可以做一个怀疑主义者，尽可能地阅读或观看，但对大多数报道持保留态度。谨记，每个人都有自己的观点，所以没有中立可言。这样，你就能更加客观地了解世界上发生的任何事情，从而尽量不为“记者”提供的观点所左右。

举个例子，你听说某个人群拥挤的市场发生了爆炸。由此推测很有可能发生的是，根据爆炸的性质会有不同程度的伤亡，对于实施爆炸人员的部分信息可能是真实的。至于其他信息，例如爆炸的背后有谁（赞助者），爆炸计划的目标是什么，这个爆炸释放出什么样的信号，预期攻击的目标是谁等可能都是猜测。事实和观点是同时存在的，而关注事实才有意义，了解这些意见可以提供有用的信息。

当今世界信息过载，我们可以遵循两种策略。第一种是运用批判性思维，也就是对周边发生的故事和时间提出疑问，问问哪些部分合情合理，哪些不是；第二种是尝试从多个角度聆听故事，了解一下持不同观点的人分别是怎么说的，他们是如何来陈述故事的。这样便可以从多个渠道获取新闻和信息，而不是根据一两个来源的信息下结论。

社交媒体几乎实时地发布各种新闻，它不仅让人们被动地获取信息，还可能引发人们采取行动（承诺力）。曾经一度沸沸扬扬的#MeToo运动[1]就是一个例子，该运动因哈维·韦恩斯坦（美国金牌制作人）性侵多名女星的丑闻而发起并引发了巨变。十五年前，人们也可能听说过性侵事件，但基本过一两周就会忘记；然而，由于社交媒体让人们意识到了其重要性并且致力于改变，从而该运动一直在持续进行。#MeToo运动有明确的标签，有各种集会和发言人；短期内它注定不会消失，因为已经有很多女性（和许多男性）都在致力于消除工作场所的性骚扰。

荷兰的研究人员做了一项很有趣的研究，专门比较观看不同新闻给人们带来影响的差异，他们关注的一个要点是新闻媒体的某些特定利益。研究表明，这些利益包括引发民众对政治的关注，增加人们对政治知识的了解，并激发人们参与政治活动等，而所有这些都是对构建和谐社会的基础贡献。人们参与政治进程可以直接提高人们对社区和国家的承诺力，还能让我们跳出只关注个人福祉的小圈，从而关注更大的事情。

1　#Metoo 运动，是指呼吁所有曾遭受性侵犯的女性挺身而出说出惨痛经历，并在社交媒体贴文附上标签，借此唤起社会关注。——译者注

经常关注新闻动态的主要人群通常主观意识更强，心理也更为健康。不论立场如何，你都在以自己的视角解读新闻。个人的观点或视角无所谓对错，只要保持开放的心态，能对报道指向提出疑问就好。在保持对周边世界的关注时，你的参与感和承诺力也随之提升。

尝试新鲜事物

前所未有的经历也可以帮助人们塑造人生目标或提高承诺力。鉴于稍后在“挑战力”部分有更多相关介绍，这里仅简单阐述。心理学家把尝试新鲜事物（“尝鲜”）定义为“冒险”或“变革管理”。有些“尝鲜”活动风险相对较小，比如品尝一些未接触过的食物；有些可能风险很大，比如在飞机上练习跳伞。

另一种尝试新鲜事物的方式是通过你的意愿改变或适应环境。适应性会给生活带来很多好处。愿意适应或者愿意在不同环境下尝试新鲜事物的人往往更健康，他们愿意改变自身习惯，比如戒烟或控制过量饮酒就是很明显的例子。

得克萨斯大学奥斯汀分校的一组研究人员开展了关于适应性、坚韧性–挑战力与某些疾病之间联系的研究，得克萨斯州3M公司共有111名员工参与了这项健康研究。所有参与者都填了一份坚韧性弹性量表，其用来测量他们感受到的压力、处理压力的方式及过去几周内患病的程度。

结果表明，坚韧性–承诺力得分与每个人处理压力的方式有着显著关联。在压力处理上，心理学家识别出一般人处理压力的几种常见方式，例如完全回避压力，虽然这个方式在大多数情况下无济于事。

用过于情绪化的方式处理压力通常无济于事，或者说，人们可以尝试使用解决问题的策略来应对压力。解决问题的方式反映出人们实际有多大意愿尝试用积极的方式看待问题，提出行动方案并付诸实践。很明显，解决问题的得分（也就是坚韧性水平）关联的是较低水平的压力得分，而且在所处周期内也会较少出现疾病症状。

直面压力能提高我们的承诺力，同时产生更高的坚韧性。通过直面压力，我们能在化解压力上更投入。由此带来的，要么是直接解决问题，要么是让自己能更好地管理自身的反应。直面压力的情形越多，我们便拥有越高的承诺力去参与周围的世界。

同样，问题解决法包括了提出新策略和大胆尝试。回避压力或情绪化应对压力的人往往更倾向于反复使用旧有的固定模式。通过问题解决法提出新策略有利于提高灵活度，从而提高坚韧性。

尝试新事物可以有多种方式。比如准备不同的早餐，品尝一些从未接触过的食物，与新认识的人共进午餐，尝试用不同的方式开展工作，听不同的广播电台，与陌生人攀谈，开展一项新的活动，去运动等，任何你能想到的都可以。

通过新的体验和探索新世界，我们将发现生活中的新事物。虽然过程中也可能有你不感兴趣的东西，或者让你感觉浪费时间的部分，但是，你也有可能中大奖，这个大奖可能是一种令人兴奋的体验，可能是结识到新的朋友，或者沉醉于新的爱好之中，或者促进了你的职业发展——你永远不会知道将发生的是什么！正是这些新鲜的经历在提高你的承诺力，因为，这些经历让你更有理由充分地享受生活，接受生活的馈赠。

乔安妮和她的男朋友马特分手了，她伤心欲绝，不想与任何朋友来往。乔安妮觉得自己走不出这个阴影，她感到心痛，还有自我怀疑，没有动力和朋友外出，更不愿意结识新朋友。

一天，好友苏珊收到了她朋友罗布的邀请，去参加他所在的工程公司举办的办公室开放日派对。苏珊对罗布提到了乔安妮的事情，并征询是否可以带上乔安妮。罗布想到他的同事迈克也丧偶不久，好长一段时间都回避着一切社交活动，也许可以趁此机会让他们认识一下。

苏珊努力说服乔安妮参加聚会。她请求乔安妮一同出席，并向她保证，一旦她感觉无聊，就在一小时后离开。苏珊觉得只要乔安妮能走出家门就行，哪怕聚会时提前离开也无所谓。到达聚会场所后不到15分钟，便有人向乔安妮介绍了迈克。他们刚开始的谈话都很保守，但当谈到各自喜欢的餐厅和中意的食物这个话题时，双方开始活跃起来。他们约好了再次见面并开始约会。

30年过去了，乔安妮和迈克幸福地生活着，养育了两个成年子女和两个孙子。最初同意参加聚会，乔安妮其实就是在敞开心扉，打算尝试新的体验。这次体验让她很满足，从而更努力地参与生活，致力于刚刚开始的关系。是她的承诺力帮助了她改变自己的处境，一扫过去的阴霾，生活焕然一新。

在下一章中，我们将讨论坚韧性–挑战力，我们将探索如何通过挑战力模式来提高坚韧性的其他方式。

第4章

坚韧性–挑战力的作用

“变化是生活的调味品，它让生活变得有滋有味。”

——威廉·柯珀，英国诗人

为什么对某些人来说，任何类型的改变都会给他们带来压力？不论是某天早上的工作日程被打乱，还是需要重新整理办公桌上的物品；不论是不期而至的访客，还是计算机软件或系统需要升级。任何需要迁就的变化对一些人来说几乎是无法忍受的。然而，我们知道变化就在身边。这个时代的变化速度前所未有，不断适应生活中的变化已成为生活中的一部分。同样的，有些事情对某些人而言会带来焦虑，但对于另一些人而言，带来的是兴奋甚至趣味。

同样，很多人认为生活中充满了挑战。他们喜欢尝试新鲜事物，敢于冒险，甚至一味追求感官刺激。他们会主动寻找机会，迎接挑战。生活中，我们总会遭遇不期而至的挑战。那些能成功地面对遇到的挑战，让生活继续的人是如何做到的呢？就好像他们摔了一跤，就可以马上站起来，若无其事地掸掉身上的灰尘，然后继续前行。

当我们用坚韧性的术语来谈论挑战心态时，我们指的是期望生活是无法预测的，而变化将促进个人发展。与其把苛刻的情形看作一种威胁，不如将它视为令人振奋且激励人心的挑战，如此一来，我们便能心平气和地看待生活中的起起落落。挑战力高的人相信：人无法通过安逸和舒适的生活获得成长，而应通过学习来改善生活，绽放生命。

两个会计的故事

马龙正在为会计考试做准备，他的内心各种挣扎。他的数学一直学得很好。对他来说，没有任何概念难得倒他；同时，他知道每年会有一半的人在会计考试中不及格，他担心即便自己不出错，考试成绩也有可能比较靠后。毕竟，这世上有太多比他聪明的人，而他对此无能为力。

马龙在备考的整个过程中都倍感紧张，一想到走进考场，监考员示意开考的场景，他就忍不住一阵阵反胃。想到考试，他不免忧心忡忡。尽管他所有科目的成绩都不错，但只要一想到坐在考场看着计时器启动的画面，他就忍不住焦虑。他总担心最坏的情况发生，当然，现实中确实有棘手的问题困扰着他，让他失去平衡。

回到正题，马龙喜欢数学，但会计原理对他来说索然无味。他对商业有一点兴趣，但对资产负债表和损益表这类的表格没有什么感觉。事实上，在马龙看来，在目前的生活中，大多数事情已经无法调动起他的兴奋点了。

他的朋友默里正好相反，他对即将到来的考试充满期待。他数学也很好，但与马龙相比，他认为自己需要更加努力，才能取得和马龙一样的成绩。默里很清楚，考试成绩直接取决于他投入的精力。当他非常努力的时候，考试成绩就会节节攀升；一旦松懈下来，成绩就随之下滑。

默里对考试感到兴奋，他喜欢这样的挑战，既对自己是个考验，也检验了他所学知识的扎实度。打个比喻，就像他在为一场即将到来的拳击比赛做准备，为如何能夺得比赛的胜利精心策划。他想象自己既能应付简单的问题，又能解决真正棘手的大难题。面对即将到来的挑战，他感觉自己已经迫不及待了，想看看会有什么烫手的山芋朝他扔过来。他对马上到来的挑战无比渴望。

默里其实一开始并不喜欢会计，而且起初对会计了解甚少。但随着学习的不断深入，他越发地被会计深深吸引了。每个学习到的新概念都会引发他对问题的思考。这份好奇驱使他继续前进，激励他不断学习。

后来，马龙和默里都通过了会计考试。一开始，他们的职业生涯都在同一起跑线上，但此后，他们的生命轨迹指向了截然不同的方向。马龙在一家大型公司做会计，从事纳税申报工作。三十年里，他日复一日，重复着一样的工作；而默里做了一段时间的会计后，很快他就发现会计的工作很无聊，而他想要的比这更多。

机会来了！就在默里为一个房地产商处理账目时，他注意到，房地产商的工作非常有趣，而且利润可观。他迅速改变了职业方向，从会计行业转入房地产。他不断开发土地，建造大型公寓；在马龙继续干着自己的老本行的时候，默里成功地创建了自己的房地产开发公司，并经过努力，最终成了一名千万富翁。

相比之下，马龙害怕改变，毕竟会计的工作非常稳定，很舒服；默里喜爱变化和挑战，一旦逮住机会，他便毫不犹豫地冒险，开启新的尝试。如果再看看他们坚韧性弹性量表的得分，默里的分值也远远高于马龙。

挑战力是如何让你为改变做好准备的

从这个案例中可以看到，面临同样的情况——会计考试，马龙和默里的反应截然不同。在具有潜在压力的情境中，我们该如何理解挑战与威胁两者之间的区别呢？正如第一章中所提到的那样，高坚韧性的人有很高的挑战力：他们喜欢多样性，乐于把生活中的变化和干扰事件看作学习和成长的机会。他们充分地理解麻烦是生活中不可或缺的调味品，面对问题他们从不逃避，而是着手直接解决。对于像默里这样的人来说，尝试新挑战本身就乐趣无穷，它是一个发现自己的途径，既能对自己所拥有的能力有更多认知，也能更多地去了解这个世界。不难猜到的是，默里的坚韧性–挑战力得分的确很高。

相比之下，挑战力低的人更青睐安稳可靠的生活，尽量回避生活中的变化和新情况的出现。作为个体，他们的为人也许非常值得信赖（可靠），但当外界条件发生变化时，他们的适应性可能比较弱。马龙就是坚韧性–挑战力得分偏低的那种人。

有时候，生活中哪怕是极其微小的改变也会对我们有所帮助。因为摒除旧习、尝试新的举措能帮助我们在大脑中建立新的连接。以下我们列举了一些可以提高挑战力的事情，不妨一试：

- 每周吃一两次打破常规的早餐。
- 上班时偶尔尝试一条新的路线。
- 每周锻炼几次；如果你本来就有锻炼习惯，可以尝试改变锻炼方式。
- 品尝一些从未吃过的食物。
- 与陌生人交谈。
- 学习新的游戏或新的运动。
- 和从没一起吃过饭的人共进午餐。

理解你的思维模式

马龙和默里之间还有另一个不同的地方在于，马龙认为一个人的智商是一出生就设定好了的。在数学上，他总能轻而易举地找到解决方法。在他心中，只有两种可能性：要么知道答案，要么不知道。如果智商不够，就需要加倍努力地学习，掌握概念。马龙的关注点在于事情是做对了还是做错了，他理所当然地认为能把事情做对还是做错是衡量一个人智商高低的标准。

相比马龙，默里似乎没那么好的数学天赋，他必须非常努力学习才行。他的信念是，只要功夫深，铁杵磨成针。而且，他会从错误中吸取教训，如果一个方法行不通，他便会继续尝试别的方法。他不会像马龙那样用取得的成绩来衡量自己，而是非常享受学习的过程——在他看来，学习不是目的，而更像一段旅程。他充满好奇，经常提出各种问题。

斯坦福大学心理学家卡罗尔·德韦克提出：人有两种思维模式，而马龙和默里正是这两种思维模式的代表人物。德韦克最早提出的不同思维模式的概念来自她给10岁的孩子们做的智力题测试。在测试中，她先让孩子们从简单的题目开始，再过渡到更难的题目。她饶有趣味地观察孩子们是如何应对超出自身能力范围的挑战的。她惊讶地发现，尽管有许多孩子在面对难题时感到沮丧并选择放弃的时候，也有几个孩子对挑战表现得很兴奋。事实上，他们非但没有气馁，反而在解完题后，要求挑战更难的题目。

这一发现开启了德韦克对能力进行重新定义的研究之路。一方面，有些人认为能力是一成不变的，一个人应对世界的方式基本上决定了个人有限的高度；另一方面，也有一些人认为能力是可以塑造的，可以通过学习不断地得到发展。正是成长型和固定型这两种不同的思维模式，决定了一个人是不断成长从而取得辉煌的成就，还是在原地踏步，认为自己所能企及的十分有限。

你的思维模式是怎样的？你又是如何看待世界的？仔细阅读下列描述，看看你更认同哪些描述。

1. 对于一件事情，我要么很擅长，要么很不擅长。

2. 我不喜欢被挑战。

3. 受到挫折时我通常会放弃。

4. 我要么做我尝试过的事，要么做不到。

5. 我对我所知的坚信不疑。

6. 我把失败看作成长的机会。

7. 我可以学习去做任何自己想做的事情。

8. 我喜欢尝试新鲜事物。

9. 我的努力和态度决定了我的能力。

10. 反馈是具有建设性意义的。

如果你更同意前面的五个观点，那你倾向于固定型思维模式；如果你更认可后面的五个观点，你则趋向于成长型思维模式。成长型思维模式与坚韧性–挑战力密切相关。

研究表明，坚韧性的三个C中的每个C都与思维模式有关。一个人坚韧性越高，他在个人成长中的发力就越多，而固定型思维模式刚好与此相反。在本章的后面我们将会探讨，在坚韧性的三个C中，坚韧性–挑战力与思维模式的关系最为密切。所以，一个人的坚韧性–挑战水平越高，他就拥有越强大的成长型思维模式。

拓展超越能力之外的思维模式

德韦克关于思维模式的研究主要集中在智力、能力和才干等方面，而近期，心理学界的一些研究着眼于思维模式在压力管理中的作用。耶鲁大学的心理学家开展了一系列创新性的研究，旨在探讨思维模式在人们对压力反应中的作用。他们先是探讨了当今社会中普遍存在的各种压力的严重程度，并针对压力与心脏病、意外事故、癌症、肝病、肺部感染和自杀这六大人类最常见的死亡因素之间的联系，以及压力与旷工、医疗费用、生产力丧失、精神疾病、攻击性和关系冲突等的关联，通过引用一些研究结果进行对照比较。他们得出的结论是，实际上，所有这些都与压力相关——因为压力而感到有压力（stress about stress）可能是思维模式导致的负面影响的一部分。

那么，这里所称的“压力模式”（stress mindset）指的是什么呢？我们不妨将其与德韦克定义的固定型思维模式和成长型思维模式做个类比。一部分人相信压力带来的影响是积极的，能帮助人们提升工作绩效和生产力，促进人们的健康和幸福，支持学习与成长，这些人拥有的是“正向压力模式”（stress-is-enhancing）；与之相对的，一部分人认为压力会使人丧失思考和行为能力，他们拥有的是“负向压力模式”（stress-is-debilitating）。

这里提到的不同的思维模式，是指每个人内在的深层次的信念或信仰。它无时无刻不发生作用，无论一个人所面临的压力大与小、严重与否，都会影响你应对压力的方式。虽然我们已经知道了压力可能带来的负面影响，但是也有一些证据表明：“正向压力模式”会让我们产生积极的反应，这些反应包括：

当身体面临威胁时：压力能激活身体机能的反应，缩小注意力范围，让人们集中资源处理眼前的任务。

在工作中：工作中的压力会让人拥有积极主动性，员工会去获取完成压力任务所需具备的技能。

激励：提前预测并规划所有可能的情形和结果，从而主动解决问题。

记忆力和认知能力：压力反应会促发身体产生荷尔蒙，有助于提高记忆力和认知能力。

生理健康：压力刺激身体产生荷尔蒙和其他活性成分，能帮助身体从疾病和伤害中恢复，形成抗体，免受不健康因素的影响，从而保持健康。

体力：压力促使合成代谢激素，可以重建细胞，合成蛋白质，增强免疫力，使身体比压力之前更为强壮和健康。

压力相关成长：压力可以促进心理韧性的发展，提高觉察，引发新观点，赢得掌控感；强化优先事项，深化关系，更欣赏生活，从而增强人生的意义感。

回想一下自己曾经经历一些之前未曾体验过的情形时的身体反应，尤其当你面对威胁时。你还记得自己当时是兴奋和期待的心情还是充满焦虑，担心哪个地方可能出错？如果你回想起的情形带给你更多的是焦虑而不是激发起了你的挑战欲，请试着在脑海里重塑这个画面，尝试在回忆中让自己带着兴奋、惊叹和好奇的心情再次演绎它。创建坚韧性–挑战力的思维模式包括学习用不同的方式去看待过去的经历，这就意味着学习改变自己对事件的感觉和想法。

正向压力模式有助于提高坚韧性，这就好比健身一样，所有对压力的正向反应都会随着经历的增多而变得更强，随之，你也会越来越适应。这就像在锻炼你的肌肉，让身体的荷尔蒙反应得到激活，你的内在驱动力也在提升，随之就更能够冷静思考、得出解决方案，身体也更有力量。此外，随着经验的增长，你学会了更好地处理手头的事件，花更少的时间担心该做什么。正是那些经历上的不愉快（比如焦虑）让你想逃避现状而不想面对。而通过直面更多的新情境，建立起自己的坚韧性–挑战力，你就能变得越来越自信，也变得越来越有能力。就像上面案例中的会计学生默里一样，正向压力模式可以让我们在无论面对怎样的变化时都能够坦然地拥抱变化。

为了找到管理和减轻压力的途径，心理学家和相关领域人员花费了几十年时间，研究和评估了各种方法。他们提出的很多理论主要是关于发展各种应对策略、身体放松流程（如冥想和正念）及各种回避机制的。然而，即便付出了许多努力，该领域的进展仍非常缓慢。2000年，美国心理学协会的主要期刊之一《美国心理学家》（*American Psychologist*）就用了整整一期的篇幅指出这个现象。他们最后得出的结论是：“人们对于处理压力的兴趣激增，然而收效甚微，目前，这个领域的探索正陷入危机。”

为什么传统的应对方式不奏效

如上所述，现如今，人们广泛采用了很多应对压力的方法，这就包括了冥想、正念、放松疗法、认知行为疗法，甚至回避技巧。耶鲁大学研究心理学家阿利娅·克拉姆、彼得·沙洛维和肖恩·埃科尔指出，传统的应对策略未能产生显著效果，主要有以下三个原因。

首先，试图减轻压力本身就是一件非常困难甚至适得其反的事情。人们根本就没有能力减少生活中的压力源。以“被炒鱿鱼”为例，这就是一件完全不在自己可控范围内的事情。而失去工作将直接导致经济困难，而这些困难又会形成压力源，加剧原有的压力。

其次，不同的应对程序本身就很复杂，而且经常变化，有时，这些应对程序本身就可能制造出更大的压力。对于可以掌控的压力事件，这些方法也许是奏效的；然而，面对不可控的事件或者面对的不是一个需要解决的问题（如失去亲人或幸免于自然灾害）时，这些方法可能让情况更为糟糕。有时，并不是当下有个问题要解决，可能只是需要一段时间来缅怀哀悼或从创伤中恢复，但是不知道该使用哪种压力管理技巧可能就会成为我们的压力。有些人会因为焦虑而焦虑，不知道在众多的可能解决方案中该如何选择。

再次，大多数传统的减压方法都源于负向压力模式。在处理压力情境时你采取的思维模式会影响你的反应，决定你处理的成功与否。这与压力事件的评估过程完全不同。在评估某个特定压力事件时，你所评估的是该事件带来的压力大小；而当你使用压力思维模式的时候，压力是大还是小并不取决于你的评估，而是取决于你的压力思维模式：正向的压力模式下，压力就小；负向的压力思维模式下，压力就大。

对于这一点，哈佛大学的一项研究很好地做出了证明。研究人员把一群学生分成了三个组，并给每个组都布置了一项具有压力的任务。其中一组叫作重新评估组。研究人员告诉他们，当面临压力时感到心跳加速乃至心慌等实际上是个好兆头，这些体感上的信号表明你的身体正在对将要发生的事情逐渐兴奋起来，从而让身体做好准备去迎接挑战。通过这样的方法，学生被赋予了正向压力的心态（也就是我们所说的坚韧性心态）——在这个案例中，便是让学生从积极的角度解读自己的感受；第二组是忽略身体信号组，研究人员告诉他们在活动开始前什么都不要想，只是盯着前方墙上的某件东西看就好。第三组是无干预对照组，研究人员不对这组同学做任何指导或暗示。

接着，研究人员先对所有受试者进行了注意力测试，然后要求每个人在两位极其挑剔的评估者面前完成一个五分钟的录像演讲；演讲结束后，他们还需要完成一个数学题目。结束后，他们分别需要报告各自的感受，同时监测各自的生理反应。

结果表明，在执行任务过程中，那组被要求将身体的兴奋反应“重新思考”为有益反应的学生显示出心率较低的状态，而且在任务中的表现更好。由此可见，改变思维模式/心态，改变面对压力时的反应，可以帮助你更好地管理压力。

“焦虑工作”（Work of Worrying）理论的检验

20世纪70年代中期，一种新的治疗方法——行为认知疗法正处于起步阶段，此时史蒂文（本书作者之一）还是一名心理学在读研究生。行为认知疗法在当时是相当具有革命性的，该疗法认为人们可以通过改变对事物的看法来有效应对生活中的挑战。该疗法意味着需要理解思维、感觉和行为之间的联系。当下，行为认知疗法已经是应用最为广泛的治疗方法之一。

关于如何应对压力，当时盛行着两种理论。其中之一由欧文·贾尼斯（美国心理学家，普获美国心理学会颁发的杰出科学贡献奖、杰出科学家奖）提出，他认为应对压力情境的最佳方法是在压力事件发生之前就提升自己的焦虑感。他将此称为“焦虑工作”。他还进一步指出，如果在事前就开始紧张，会帮助当事人更好地应对，而且在事件过程中焦虑程度会降低。

当时的另一种新理论来自认知行为疗法的创始人之一唐纳德·梅钦鲍姆，他提出了一个叫作“应激接种法”的训练方式：把压力想象成一种疾病，如果你事先给自己植入了一些有益的想法，当压力来临时，你就能更好地应对实际的压力情况。

所以，在我做根管手术之前，我会先准备好在手术前、手术中和手术后要对自己说的话，诸如“我知道这会很痛，但我能应付”“这有什么，比这更糟糕的事情我都经历过了”等。

在我的硕士论文中，我对这些理论在压力环境下是如何发挥作用的进行了研究。我采用了一个关于预防工伤事故的视频，名字叫作“这本不必发生”。我剪辑了一个片段，片段里演的是一个正在用圆锯工作的人滑倒了，他的手指被割断，血溅得到处都是。虽然这个视频是黑白的，但场面看起来相当恐怖。我选择了女性作为受试者，因为相较于男性而言，女性通常对恐怖场景的反应更强烈。

我邀请了10名女性受试者来观看影片。首先我向她们详细描述了即将看到的内容，并且请她们在观看视频前练习16种自我对话；然后，我在不同时间测量了她们的焦虑程度，分别是在她们到达实验室时、在告知影片内容并给出了应对策略时、在影片开始前等待了10分钟后，以及在观看完影片随即之后。此外，我将她们每个人连接到心率监测设备上，从告知她们受试内容之后，就开始监控她们在等待期和整个观看期的心率。电影结束后，每位受试者填写了关于电影内容的问卷调查，以确保她们确实全程都在看电影。

研究结果显示，在受试者被告知观影内容及经过自我对话的训练之后，她们的焦虑并没有增加，而在等待观看期间，以及为应对压力做准备的时候（为应对焦虑而工作），她们的焦虑感增强了。心率监测结果表明：受试者在等待观影期间，心跳显著加快，而在观影过程中，她们的焦虑感并没有增强。换言之，受试者在观看电影前进行的准备和提前产生的担心让她们在观影中能够保持冷静。

这个研究中还有两个实验对照组。其中一个对照组被告知的是他们将要观看一部恐怖电影，但并没有提供任何应对策略。这组人在听到电影的描述后，焦虑情绪明显上升；在等待期间，她们的焦虑情绪有所下降；但在观看电影时，焦虑情绪再次急剧上升。另一个对照组的受试者事先并未被告知关于电影的任何信息，她们不知道该期待什么，于是，她们的焦虑感一直都很弱，直到电影播放时她们的焦虑感才开始明显增强，这与我们预期的一样。

到此为止，结果似乎是显而易见的。第一组受试者由于事先提供了一套应对策略而得以在观看压力电影前做准备，尽管在准备过程中，她们的焦虑感会增强，但在实际直面压力源（观影）时，焦虑感减轻了。这一研究结果促进了认知行为疗法研究领域的蓬勃发展，也加强了我对压力管理——也就是本文所述的“坚韧性”的兴趣。我这篇硕士论文的研究结果应该可以轻松通过论文委员会的严格审查。

但是，这里还有一个瑕疵，因为我还有第四个受试组。这组人也被提前告知了和第一组一样的关于电影的信息，并且提供了我们称为“否定化”和“智能化”的应对策略，即提前让她们进行如下的自我对话：“这只是一部电影”“这不是真的”“这些都是虚构的”等。这组人在等待期间，心跳确实有所加快，但是在电影播出前及播放期间，她们几乎没有焦虑感。

我该如何向论文委员会解释第四组的测试情况呢？她们并没有经历第二和第三组（实验对照组）报告中体现出的焦虑感增强，第四组人员在几乎没有感到焦虑的情况下，顺利看完了恐怖电影。对此，有一种解释可能说得通，那便是心跳加快代表了他们在对自己的焦虑进行干预（也就是“焦虑工作”），从而使她们能够在观影中管理好压力。

好在最后我顺利通过了论文答辩，继续攻读我的临床心理学博士。但是，到了45年后的今天，我对这个结果有了新的发现和解释。

第四组采用的“智能化”策略很可能改变了压力模式。虽然它并不是正向压力模式，但通过对当下的情境进行完全不同的解读，让思维模式得以转换（这不同于第一个实验组和另外两个对照实验组），从而抵消了压力。用完全不同的思维模式应对情境，从而消除了压力。通过坚定“电影内容是虚假的”这一信念，从演员手中涌出的鲜血并没有对他们（第四组人员）产生影响。有人甚至开玩笑说那看起来像番茄酱。这就是我们所说的坚韧性模式。

因此，通过对压力思维模式和坚韧性思维模式的了解，我们可以更好地理解“焦虑工作”。重要的不是“焦虑”本身，而是在于你怎么诠释它。如果你担心生理上的焦虑反应，心里想着：“哦！天哪，我怎么应付得了！”你可能表现得很糟糕；如果你对焦虑有不同的解释，心里想着：“哦，这太令人兴奋了。我迫不及待要开始了！”你将做得更好。这是一种坚韧性-掌控力应对压力情境的方式，或者说是坚韧性模式的一部分。

你也可以做个实验，在下一次要看恐怖片时，尝试对自己说："这只是一部电影。"这么做唯一的不利之处，就是你可能感受不到电影带给你的那种刺激的情绪体验了。

压力思维模式与坚韧性–挑战力

先前提到过，耶鲁大学的研究人员发现，对压力思维模式的评估和对整体坚韧性的评估是有关联的，尽管两者存在一定的差异。我们开发出了短期压力思维模式量表，并查看其与坚韧性弹性量表之间的关系。压力思维模式量表中包含这样一些描述，比如"经历压力是有好处的"及"经历过压力情境能够提高我的绩效表现"。被测者根据他们对这些描述的认同程度分别进行评分。

在我们进行的一项研究中，有270名职场人士都参与了上述两项测试，他们需要结合自己目前工作的表现回答相关问题。我们发现，压力思维模式与坚韧性–挑战力之间存在非常明显的关系，二者之间约有20%是吻合的。

我们向被测者了解他们如何看待自己在工作中的表现，以及对工作的投入度。数据显示：90%的人对自己的工作表现和投入度很满意，约有10%的人不确定或认为自己并不成功。我们把这两项合并成一个"工作表现"得分。我们都知道，自己说自己的工作成功并不代表这个人真的成功；同时，我们可以非常确信的是，那些说自己不成功的人，基本上都是诚实的。

根据压力思维模式量表和坚韧弹性量表显示，在影响工作表现的所有因素中，比如工作性质、工作场所、同事等，压力思维模式对于工作表现的影响占到4%左右。而坚韧性–挑战力，对工作表现的影响程度约占10%。有趣的是，坚韧性–承诺力对工作表现的影响程度最高，约占25%。

这一发现，对于提升生产力具有重要意义，它告诉我们，只要能改变或提高坚韧性–承诺力和坚韧性–挑战力两个要素，工作绩效基本就能提升25%甚至更多。实际上，耶鲁大学还开展了一项研究，证明了人们可以改变自己的压力思维模式。这个研究结果引发了人们极大的兴趣。

我们是如何改变思维模式的

德韦克和她的同事在早期的研究中发现，只需要经过八周的课程学习，人们就能改变思维模式，可以从固定型思维模式转变为成长型思维模式。然而，上课需要花费的时间太长，而且人力投入太大（学员要集中在一起授课）。

后来，他们缩短了课程框架，并将授课方式改为自动化。纽约大学的研究人员约书亚·阿伦森及其同事制作了一个关于固定型思维模式和成长型思维模式的视频短片。研究发现，人们在观看视频后，可以在相对较短的时间内改变思维模式。

在耶鲁大学的研究中，他们想了解是否可以通过观看短视频的方式改变职场人士的思维模式。他们在一家大型金融服务机构进行了调研，他们为每个实验小组制作了三个短片，每个视频都通过展示图片、相关研究和示例来传递想要表达的信息。

研究人员要求受试者在一周之内看完短片。第一组人观看的是正向压力模式的视频，视频展现的是压力在健康、绩效和学习与成长三个方面的积极影响；第二组人观看的是负向压力模式的视频，同样是从上述三个方面，展示压力带来的负面影响。受试者需要在一周内看完对应主题的三个视频，第一组人观看正向压力模式视频，第二组人观看负向压力模式视频；第三组作为对照组，不看任何视频，但需要进行相同的前测和后测。

研究收到的样板示例如下：

负向压力模式（从负面看待压力）

压力再小也不利于绩效。

压力遏制了理性，引发思考混乱。

压力降低注意力。

正向压力模式（从正面看待压力）

压力带来巅峰表现。

压力提升能量，提高警觉。

压力提高注意力。

正如预期的那样，观看正向压力视频的受试者表现出强大的正向思维模式，而观看了负向压力视频的人表现出一种更为脆弱的心态。对照组没有变化。

接下来，研究人员跟进了受试者的实际工作，监测他们的情绪和表现。正向压力视频的受试者出现的心理症状较少，工作表现更好；负向压力视频的受试者及对照组人员，无论是心理症状还是工作表现，均无变化。负向压力视频的受试人员之所以没有受到影响，其原因很可能是因为大多数人平时都是这样的心态。如果他们一开始就认为压力是不好的，研究结束后，依然会继续依照同样的思路看待事情。

不同思维模式带来的生理差异

耶鲁大学研究的最后一部分内容着眼于人在压力情境下的思维模式与生理指标之间的关系。研究人员先抽取了一组学生作为受试样本，他们首先对收受试学生的思维模式进行评估，过了几天后便给受试学生设置了一个压力情境：受试学生被告知将在他们中间随机抽取五名学生在全班同学面前发表演讲，除此之外，演讲的过程要求全程录像；之后，再由商学院的一组专家给他们的演讲做评估；而演讲的学生只有非常紧张的时间为此做准备。

人体在感受压力时，通常会出现生理上的应激反应，即启动战斗或逃跑机制。此时，人体的交感神经系统活动增强，副交感神经停止活动，下丘脑–垂体–肾上腺系列活动增强。皮质醇的分泌会激活战斗–逃跑机制，这也是帮助人类应对生命危险状况时的一种适应性防御机制。皮质醇是一种激素，对身体会产生很多影响，它可以帮助控制血糖水平，调节新陈代谢；还可以抵抗炎症，改善记忆力，控制水和盐的平衡等，通常在身体感受到压力时，皮质醇会被激活。

在这项研究中，研究人员从这些学生身上采集了不同时间段的唾液样本，来测量皮质醇的水平。测量出的结果很有意思，运用正向压力思维模式思考的学生，他们在面对可能被选中去做演讲的潜在压力下，皮质醇分泌水平是健康/适当的；换言之，他们体内拥有了适量的压力荷尔蒙，让身体准备好采取行动。而皮质醇分泌过多或过少，都会导致身体在压力环境下出现不良反应，例如，过多的皮质醇会干扰学习和记忆，而且通常对身体有害。

研究人员的报告中提出："对那些在压力下有高皮质醇反应的人来说，拥有正向的思维模式可以帮助他们降低皮质醇分泌反应；而对压力有低皮质醇反应的人，正向的思维模式会帮他们增加皮质醇分泌反应。"所以，提升坚韧性–挑战力不仅能帮助你更好地应对压力，还能为你带来生理机能的良性反应。

坚韧性思维模式不仅可以帮助你增进身体健康，也能增进心理健康。就好像锻炼一样，久而久之，你的心理肌肉也能通过持续的锻炼得到发展，你也会改变自己在压力下的应激反应。有了坚韧性心态，假以时日，你便能更好地应对心理和生理上的压力。

坚韧性–挑战力：麦当娜的故事

坚韧性–挑战力意味着欣赏多样性，喜欢变化，以及具备通过尝试新鲜事物来学习和成长的渴望。人们努力追求变革的事例早已屡见不鲜。在某些行业，引领变革的能力可以说就是生存的一种形式，这类例子在娱乐圈并不罕见。

麦当娜·路易丝·西科内，也就是麦当娜，在全球售出3亿多张唱片，并被吉尼斯世界纪录大全列为有史以来最红的女歌手。据美国唱片业协会称，她是全美第二大权威女歌手，发行过6 450万张专辑。以音乐排行榜闻名的Billboard称麦当娜是其“热门100排行榜”中的最成功艺人。她也是有史以来收入最高的个人巡回演唱艺人，光是演唱会门票就卖了14亿美元。

但是，麦当娜的生活也不是鲜花铺就的。麦当娜5岁的时候，她的母亲死于乳腺癌，年仅30岁。后来，当她的父亲再婚后，他们的父女关系一度非常紧张。麦当娜在学校里是一个优秀的学生。她很小的时候就开始学习音乐，但她对舞蹈更感兴趣。

麦当娜在纽约从事候选伴舞工作时经历过一次严重的创伤。一天晚上，她在舞蹈彩排后回家的路上，两个男人用刀子逼着强暴了她。这件事情对她造成了极大的影响，她一度认为：“这让我感受到我的弱小。虽然我是一个看起来各方面都很强的女生，但仍然救不了自己。我永远不会忘记。”

对于麦当娜的职业生涯及是什么让她得以成功的因素可谓众说纷纭，但是专家对她职业生涯中的某些方面的看法还是高度一致的，比如大家公认的她能够成功的原因“并非其拥有杰出的天赋。不论是作为一名歌手、音乐家还是舞者、词曲作者或演员，麦当娜的才华似乎并不出众”。

罗伯特·格兰特一直关注和追踪（报道）麦当娜的职业发展历程。他指出，她偏离了常规的音乐行业法则，即“找到一个成功的公式并坚持下去”；相反，她的音乐生涯来自自己不断尝试新的音乐理念和新的形象，并持续追求更大的名气和赞誉。格兰特的结论是：麦当娜确立了自己作为流行音乐女王的地位后，并没有就此止步不前，而是不断突破和创新。

无论时下是艰难或繁荣，麦当娜一直在通过变革应对挑战，她成功地克服了各种障碍，坚持自己的追求。我们有多少次想过要将自己进行某种程度的重新塑造？哪怕是非常微小但是可以给未来带来好处的变化呢？我们有多大的能力敢于去冒险？有时候，我们必须走出自己的舒适区，充分利用我们的生活。要做到坚韧性–挑战力并不容易，尤其要在恰当的时间做出合适的改变。

在下一章中，我们将探讨如何建立坚韧性–挑战力思维模式。

第5章

构建挑战心态

“我们能否生存取决于我们的能力：保持清醒，适应新思想，保持警惕，迎接变革的挑战。”

——马丁·路德·金，美国浸礼会牧师兼文官维权人士

如何看待压力对你如何应对压力至关重要。有些人将压力视为威胁，而有些人把压力视为挑战。当你视压力为挑战时，你的身体反应会让你获得额外的能量，此时你的心率和肾上腺素会上升，此时的这种面对挑战的身体反应与战斗或逃跑下的反应存在以下重要差别：

- 你感到专注而不是恐惧。
- 你体内释放的应激荷尔蒙比例不同。
- 你可以更容易地贯通精神和身体的资源。

把压力视为挑战而非威胁会让你更加专注，可以提振自信心及创造最佳表现。事实上，这类人群较少感到抑郁或焦虑，而且拥有更高的能量水平，能发挥更出色的工作表现，以及获得更高的生活满意度。坚韧性–挑战力是指从积极的角度看待生活中的多样性及变化的态度。乐于挑战的人更能从容应对变化，他们将多样化视为生活丰富性的一部分，并对未来充满乐观。

相反，挑战力低的人对未来充满恐惧。他们不断寻求安全，希望一切简单而可控。考虑到这一点，本章提供了一系列可行性步骤，帮助你构建自己的坚韧性–挑战力。

变化永远是学习和改进的机会

有时候，人们很难相信，很多成功的知名人士都是历经磨难而百炼成钢的。每个人成长的路上难免遇到挫折，而有些人相较其他人能更好地应对。接下来，我们将分享一些成功故事。

从拒绝中学习

因《侏罗纪公园》（*Jurassic Park*）和《辛德勒名单》（*Schindler's*

List）等影片而荣获大奖的导演史蒂文·斯皮尔伯格历经艰难。他一度受困于反犹太人偏见和被欺凌，回忆起这段经历，用他自己的话说："高中时，我被人拳打脚踢，两个鼻孔血流如注，可怕极了。"

不仅如此，斯皮尔伯格曾经两次被南加州大学电影学院拒之门外。然而，他在日后弥补了这个遗憾。1994年，斯皮尔伯格获得了南加州大学的荣誉学位。两年之后，他又成为该校的董事之一。

对许多人而言，一旦遭遇拒绝，就感觉自己仿佛走到了路的尽头。在实现目标的过程中，遭遇拒绝在所难免，这也并非梦想的终结点。在坚韧性–挑战力高的人的心中，这一类的拒绝不过是前进路上的一个让你缴械投降的标志。他们会如实地分析当前的处境，并规划出新的路径。他们接受挑战，不畏前行，继续尝试新的方向。

相信自己

梵高被许多艺术专家认为是有史以来最伟大、最有影响力的艺术家之一。他一生中的大部分时间都在与精神疾病和贫困做斗争，而且一生中只卖出过一幅画。但是，即便他的作品没有获得市场的认可，他依然成功地出品了900多幅艺术画作。尽管他的才华没有获得外界的肯定，他依然孜孜不倦地坚持自己的创作。

很多人会觉得外在的肯定才能彰显自己的价值和能力，而勇于挑战的人相信自己，不管别人怎么想、怎么说，他们坚持不懈地向着目标努力。与"坚毅"（grit）这个词不同——坚毅指的是不管现实情况如何，都坚定不移地追求目标，而坚韧性–挑战力高的人会客观地评估所走的道路是否值得。对于梵高来说，他乐于面对这样的挑战，即持续不断地创造新的艺术作品，而不去理会世人的眼光和评判。

直面困境，决不放弃

1921年，富兰克林・罗斯福在游览加拿大新不伦瑞克的坎波贝洛岛时生病了[1]。当时他还不清楚自己已经患上了脊髓灰质炎（自身免疫性疾病格林–巴利综合征），最终导致腰部以下都瘫痪了。尽管患上了致残性疾病，他还是选择继续他的政治生涯。他成功地竞选为纽约州州长，后来当上了美国总统，并被后人尊崇为最受尊敬和值得缅怀的美国总统之一。

尽管健康每况愈下，罗斯福决心坚持从政并成功地竞选成为美国总统。可以想象，面临着重大的身体挑战，但还要在生活和事业上继续迈进，这可是需要一个人非常巨大的坚韧性–挑战力！但是，即便被病痛折磨得几近摧残，激励自己继续追寻个人远大的目标却是自我意志的选择。罗斯福的政治生涯也是挑战重重，但他从不回避，迎面而上。即便身体上的疼痛也无法阻止他突破挑战，这便是挑战性思维赋予他的力量。

跳出消极的环境

奥普拉・温弗瑞可以称得上是当今世界上最成功且最富有的人之一，她也是美国（可能是全世界）最受尊敬的女性之一。奥普拉是一位成功的企业家，据报道，她的净资产为29亿美元。但奥普拉的成长经历从来就与特权无关。

奥普拉出生于密西西比州一个小镇上的单亲家庭，生活困顿，她的单身妈妈才十几岁就生下她并把她抚养长大。后来，她搬到了威斯康星州密尔沃基市中心。据说，她在童年和青少年时期遭遇过性侵，年仅14岁时就有了身孕，儿子早产，出生后不久就死了。

幸运的是，奥普拉拥有强大的内在力量。在高中时代她便是出类拔萃的优等生，赢得过演讲比赛，还获得了大学奖学金。很显然，她有强烈的

---

1 罗斯福跳入冰冷的海水中游泳，因此患上了脊髓灰质炎。——译者注

挑战意识，这使她能够克服生活中的许多障碍。

我们见过许许多多背景艰难的人，他们都曾有可怕的经历。不同的是，有些人选择了放弃改变的希望，任由自己在所处的环境中自生自灭，最终沦为环境的牺牲品；而有些人下定决心要突破困境，改善自己的境遇。这类人从某种意义上来说就是英雄，因为这绝非易事。

想象一个老式的黑胶唱片（现在又流行起来了），把自己想象成唱片的唱针，固定在一个声槽里，日复一日地重复播放着同一篇乐章；也许最终，唱针会跳出原来的声槽，向前移动，播放新的曲子。跳出声槽并不容易，但对有些人来说，不断地重复播放同一首曲子才更难。

不要沦为环境的受害者，你随时都有能力改变生活方向。拥有高挑战的心态，可以让你以长远的眼光看待当下，朝着更好的生活迈步。

接受他人帮助

斯蒂芬·金是一位杰出的小说家，报道显示他的作品总销量超过3.5亿册。同为作家，我们梦想着最多能卖出他售书量的一小部分就心满意足了。他写过很多畅销书，如《魔女嘉丽》《头号书迷》《劫梦惊魂》和《闪灵》等。斯蒂芬的作品赢得过数十个奖项，而且很多被翻拍成了电影并获了奖，如《闪灵》《伴我同行》《肖申克的救赎》《死光》和《迷雾》等。

我敢打赌，你现在已经猜到了，对于斯蒂芬来说，这一切同样来之不易。他的第一部小说《魔女嘉丽》被拒绝了30次，几乎没有一个大出版社对他的作品感兴趣。他自己也提到曾经有一次他决定放弃，直接把那份未完成的《魔女嘉丽》手稿扔进了垃圾桶。他的妻子塔比莎从垃圾堆里幸运地找回了手稿，并鼓励金完成它，甚至从女性视角给他提了很多建议，支持和帮助了他。

当你感觉全世界都在和你作对时，继续前行可谓是一项困难而孤独的壮举，幸运的是，金得到了妻子的支持。坚韧性–挑战力并不是每个人的天性，在陷入低谷或遭遇挫折时，社会支持系统对我们非常有帮助，它可以提供额外的动力，帮助我们走出低谷、战胜挫折。塔比莎就是通过鼓励斯蒂芬，帮助他开创了一个新的方向，从此，斯蒂芬开启了成功的职业生涯。

想想你面临的挑战和你所拥有的社会支持系统。在你的生活中，有没有能给你鼓励同时是你信任和亲近的人?

改变方向

克里斯蒂娜·阿奎莱拉，美国著名流行歌手、作曲人、作词人、女演员及电视名人，是一位坐拥五座格莱美奖和八首冠军单曲的超级巨星，她的唱片在全球销量高达7 500多万张，成了世界上最畅销的音乐艺术家之一。Billboard评选她为2000年世界20位最成功的艺人之一。克里斯蒂娜的成长过程很坎坷，她出生在纽约州的斯塔滕岛，由于父亲在军队服役，她小时候经常搬家。克里斯蒂娜和她的母亲都提到过她曾经遭受父亲在身体和情感上的虐待。六岁时父母离婚了，高中上了不久她就因受到欺辱而辍学在家。

有时候，当我们身处压力重重的环境而无法逃脱时，也可以选择改变方向。克里斯蒂娜就选择了用音乐来逃避家庭和学校的烦恼。她不再自怜自艾地抱怨环境的糟糕，而是转移了注意力，一心专注在音乐上。挑战也意味着寻找新的方向和摆脱常规。正是克里斯蒂娜对音乐的激情让她超越现实的生活，朝着完全不同的方向前进。

只管去做

怎样才能摆脱现实生活中的不愉快，继续朝着完全不同的方向前进呢?另一位经历了艰难童年的艺人是斯蒂芬·乔安妮·安吉丽娜·热曼诺塔，也就是大家熟知的Lady Gaga。迄今为止，她已售出2 700万张专辑和1.46亿张单曲，跻身史上最畅销的音乐艺术家之列。她的成就包括几项吉尼斯世界纪录、九项格莱美奖、一项奥斯卡奖、三项英国奖和一项来自歌曲创作名人堂的奖项。

尽管Gaga家境富裕（她的父亲出身于工人阶级，后来成了一名成功的互联网企业家），但在学校，她和同学们处不来。她认为自己不合群，同学都嘲笑她“要么太挑衅，要么太古怪”。

Gaga提到自己在19岁的时候被强暴，因此她接受过心理和物理治疗。她患上了创伤后应激障碍。她公开表示，在走出阴霾的过程中，她的医生、家人和朋友都给予了支持和帮助。

2019年，她的歌曲《搁浅》（*Shallow*）获得奥斯卡最佳原创音乐奖，也是她主演的电影《一个明星的诞生》（*A Star Is Born*）中的一首歌。她在获奖感言中说：“这项工作真的不易。我努力了很长时间，不是为了赢得什么，而是为了不放弃。如果你有梦想，那就为它奋斗吧。遵循热爱的准则。重要的不是你被拒绝了多少次，摔倒了多少次，又或者被打倒了多少次，而是多少次你能勇敢地站起来，一直坚持到底！”

Lady Gaga展示了坚韧性–挑战力的强大力量。这里我们需要再次强调的是，成功的关键在于克服障碍并继续前进。

不必每天按部就班地生活

怎样开启自己一天的生活？又如何规划自己的一天呢？你是否允许自己的日程表有部分弹性时间呢？

我们每个人都会为自己的生活做规划，设定时间表是非常有必要且有帮助的。我们都有自己热衷的日常活动和喜欢去的地方。设定时间表会增强我们掌控感；然而，过度依赖时间表和遵循常规也会带来心理上的僵化，效果可能适得其反。在变化多端的环境中，我们需要保持灵活，并且愿意尝试新鲜事物，才能更好地适应。

美国宇航局在成立初期，宇航员都来自现役试飞员和飞行员。这些人基本都是工程师，他们都掌握了精准地完成指令并遵守规则的方法。最初，宇航员的日程和活动都受地面控制中心严格管制，变化的概率很小。宇航员需要具备技术能力，并且能够精准地执行任务控制中心下达的指令。

到了今天，美国宇航局对宇航员的选拔和训练方法和以往已经大不相同。因为未来的任务会要求宇航员去往像火星那么遥远的地方，这将要求宇航员能够更加自主地工作，具有灵活的思维，可以迅速适应新奇和出人意料的情况。而这一类人通常喜欢多样性，讨厌僵化严苛的日常安排，因此美国宇航局制定了新的程序，允许宇航员机组人员有更多的多样性，允许他们自己管理工作日程和例行程序。

在现实生活中，过于固定的日程会妨碍你的创造力和适应能力的提高。你需要允许自己随时自由地做不同的事情，以培养挑战意识。

愿意改变计划来应对变化的环境

对某些人来说，改变是一件相当困难的事情。然而在今天的世界中，变化无处不在。小到使用不同品牌的牙膏，大到要换一种职业，换一份工作，甚至换个家。如何处理变化，一方面取决于变化的性质，另一方面也与你的个性特征有关。

思考一下在你最近的生活中发生的一些变化，对于这些改变，你的满意度如何？你发现哪些改变相对容易呢？

玛戈是一家国际电信公司的中层经理，是公司的高潜力人才之一。她在公司工作了五年，对自己当前的职位非常满意。当上级推荐她参加公司的高潜力领导力训练营时，能获得这个机会她感到非常兴奋，浑身散发着明星员工的光芒。

玛戈很受下属的喜爱，并且在绩效考核中达到了所有的目标。在参加高潜力训练营几个月后，她得到了晋升机会，而且薪水也得到了显著的提升，与此同时，这也意味着她需要承担更多的责任。新的职位要求她在同一个城市的另一个工作地点带领一支更大的团队，当她告诉主管她得考虑一下时，高层管理团队感到有点震惊。

玛戈其实很害怕担任这个新职位。尽管薪水更高，而且这个晋升对她的事业发展而言非常有帮助，她却在内心中试图说服自己，不值得为此破坏一些东西。因为她觉察到即将发生的变化很可能对目前的团队产生一些消极影响，他们可能无法继续从事眼下这些有意思的项目，所以是时候让自己好好思考一下了。

虽然玛戈的丈夫极力支持她担任新职位，但是即便和丈夫好好讨论了之后，她依然犹豫不决。玛戈害怕承担新的责任，也怀疑自己是否有能力领导更大的团队，她觉得自己还没有做好改变的准备。某种程度上，她还害怕在新角色上遭遇失败。

如果你是玛戈，你会怎么做？你会认同她在当前情形下的推理吗？你如何处理这种情况？你会给玛戈提出何种建议？你是否熟悉类似的情境，看到工作中有人因害怕风险而不敢贸然尝试？

生活中，计划无处不在。我们几乎每天做计划，比如午餐时吃什么，如何消磨闲暇时间。计划有时也会改变，有些改变相对容易，有些则不是。一个人是否能改变和适应生活，以及能否顺利扫除生活中的障碍，决定了他在生活中能否取得成功。说得更宽泛一点，生活就是一个不断改变和适应变化的旅程。守在原地、踌躇不前只会让你错过人生的机会。挑战力高的人不断地寻找下个机会，然后毫不犹豫地抓住它。

当你在某件事上失败时，问自己：我能从中学到什么

谁能说自己从来没有经历过失败？是否具备从失败中学习的能力，让成功者从奋斗者中脱颖而出。关于以失败作为起点，持续努力并最终获得巨大的成功的例子不胜枚举。

比尔·盖茨一度是世界上最富有的人，而他也曾经历失败。他的第一次失败经历发生在Traf–O–Data这家公司。1970年，他和保罗·艾伦创立了这家公司，公司的业务是开发统计交通流量的计算机系统。技术人员从道路计数器中读取和分析数据，然后创建交通流量的报告。遗憾的是，尽管这家公司在技术上实现了先进的创新，业务上却持续处于亏损状态。

从Traf–O–Data的失败中，他们学到了什么？据保罗·艾伦说："尽管我们努力推动产品的销售，地域上甚至远销到了南美洲，却并没有真正意义上的顾客。Traf–O–Data的设想很好，然而在商业模式上存在缺陷。我们从来没有进行过任何市场调研，压根不知道要从市政当局获得资金有多困难。1974—1980年，Traf–O–Data净亏损总额达到3 494美元。此后没过多久，我们就关门了。"

然而，他们学到了很重要的一点，那就是他们发现微处理器很快就可以运行和大型计算机完全一样的程序，而且成本更低。由此推动了他们开发出Altair–BASIC计算机语言。这是第一种在微型计算机上运行的高级语言。这

项开发的成功，为创建微软迈进了一大步。

比尔·盖茨这样描述他从这次失败中所收获到的："当你收到一些令你并不愉快的消息时，不要认为这是负面的事情，而是把它当作一个信号，它在告诉你需要做出改变。这样，你便不是被它击败，而是从中学习。所有的一切都取决于你如何看待失败。"我们再一次看到，挑战是如何让我们在面对逆境时继续朝着一个或另一个方向前进的能力。

向失败学习的一个最著名的例子是托马斯·爱迪生发明灯泡的故事。虽然他还发明了留声机、碳素送话器、配电系统、荧光透视、电影活动成像机和许多其他设备，但是人们一想到他，首先想到的就是灯泡。

没有人真正知道爱迪生在发明灯泡的过程中做过多少次尝试，基本推测是1 000~10 000次。关于爱迪生发明灯泡的名言特别多，其中三句特别经典。第一句是"我没有失败，我只是发现了10 000种行不通的方法"。第二句是"勤奋、坚持不懈和常识是成就任何有价值事业的三项最根本的条件"。最后一句是"失败也是我需要的，它和成功一样对我有价值。如果我找不到做得不好的，那我也无法找到能成功的"。

从爱迪生所传递的信息中都看得到挑战因素的存在。我们能看到他在失败面前从不放弃尝试，并不断从失败中吸取教训。最终，他凭借自己的坚韧性–挑战力，对失败进行了重新定义，那就是"10 000种行不通的方法"而已。

大胆尝鲜，合理担险

你还记得自己上一次尝试新事物是什么时候的事情吗？你是否去过一家未曾体验过的餐厅，尝试一些从未品尝过的食物，去一个未曾去过的地方，欣赏新的音乐，在工作中承担一项新的任务，去一个全是陌生人的地方？在生活中，我们都有无数机会去尝试新事物，这是走出舒适区、构建坚韧性–挑战力的一个好方法。

大多数人的本能倾向就是让自己保持一切如常，不要自找麻烦，万事安全第一。变化的确会带来焦虑和不适感，而且变化意味着需要做更多的工作。相较而言，持续做自己一直做的事情，避免冒险的确更为容易。但有的时候，正是变化及随之而至的不适感让我们成长，帮助我们发展新的技能。

这一点在新西兰研究人员的一项研究中得到了证实。这项有趣的研究着眼于培养与坚韧性密切相关的复原力，研究人员在学生群体中进行了抽样调查。他们的研究对象包括146名年轻人，其中72人以小组为单位，在一艘名为“新西兰精神号”的船上参加了一次冒险与发展之旅。“新西兰精神号”是一艘长达45米的三桅帆船，环绕着新西兰进行航行。

虽然航行的一个重要部分是做“航行训练”（学习驾驶桅杆帆船），但航行的核心目的是促进青年成长。在航海期间，学生学习了包括领导力和航行在内的多项技能。其余没去参加的学生作为对照组。这项研究的目的不仅是观察学生在航行后的一段时间内复原力是否有所提高，同时是观察他们的其他个人技能是如何受到影响的。

所有参与者都进行了四次复原力评估，时间分别是在航行开始前一个月、航行的第一天、航行的最后一天和航行结束后的五个月。整个研究期间，对照组前后的复原力评估结果没有任何差异，然而，航海组从上船的第一天到最后一天，复原力得分均有显著提高，甚至在五个月后的复测中，他们的复原力得分依然保持了上升的势头。

同时，参加了航海探险之旅的学生，除了复原力，其他的个人技能分数也显著提升了。从航行的第一天到最后一天，他们在自尊体系、自我效能

（觉得自己有多能干）、社会接受度和社会支持度上都获得了提升。这些不同的因素是如何使复原力增强的呢？为了了解其中的关系，研究人员通过一个统计公式来研究彼此之间的关系。

这就是本次的发现让人觉得更加有趣的地方。除了航行本身，通过了解促使变化的一些基本因素，我们可以通过增加干预手段去提高参与者的坚韧性-挑战力。因此，在尝试新事物的时候，拿航海这个案例来说，航行很重要，与此同时发生的其他方面的体验也很重要。

研究人员发现，提高社交效能也是提升复原力的一个因素。在上述案例中，船上的学生此前并不认识彼此。他们被分成十人一组。要成功地完成航行任务势必需要大量合作。在团队中，大家会轮流担任领导角色。

与提升复原力直接相关的第二个因素是自我效能的提升。通过学习和掌握新技能，队员变得更加自信；而有明确的任务并成功地完成它，会让队员对自己感觉更良好，觉得自己更能胜任。

第三个影响复原力的因素完全出乎意料。研究人员发现，队员们对于天气的感知是预测复原力的重要信号。由于天气情况对于安全程序的准备有着很大影响，因此观察天气成为团队成员责任的一个重要方面。学生在航行中对天气的评价越差，他们的复原力得分就越高。对此，研究人员得出的结论是，对天气的更多警觉与复原能力之间的联系证明了挑战在促进复原力过程中的重要性。观察天气，特别是当暴风云层出现时，做好应对准备能让学生保持一种适应性心态。这种适应环境的能力是坚韧性-挑战力的重要组成部分。

因此，如果你在尝试新的经历或面临有一定风险的挑战时，可以采用上述研究发现作为个人指引。尽力尝试一些能发展个人社交技能、建立自我效能的经历，以及体验能为你带来挑战的机会。

畅想未来的积极成果

我们在前面的第二章里提到了视觉化技术，视觉化的做法是让自己闭上眼睛，在头脑中想象一个你想达成的目标。体育心理学专家在奥运选手和职业运动员身上都使用过很多种不同的视觉化方法。有些人喜欢关注目标和结果，有些人喜欢把注意力放在如何达成目标上，还有一些人倾向于关注目标实现过程中遇到的障碍及该如何克服障碍。

曾经有人做过一项有趣的研究，将只是设定目标与视觉化最终的成功进行对比。前者是，你可以一开始确定好你的目标是谋得一份好工作，然后根据这个目标计划好每一天，从而获得自己心仪的工作；后者则是想象自己已经置身于理想工作的场景中了，在那个场景中观察自己是如何处理自己遇到的各种机会的。想象着自己身处在理想的工作场所中，在那个超级棒的物理空间里与同事互动，做着自己喜欢的事情。

还有一位日本研究人员也开展了一项类似的研究，这个研究面向的是一群想实现用英文流利沟通的大学生，目的也是评估视觉化对学习效果的影响。英文教师发现日本籍学生的常见问题是他们总是不愿意用英语公开交流。老师尝试了各种方法，试图鼓励学生在公众场合说英语，但是学生们似乎都害怕要运用一门新语言进行自我表达。通过提高他们的坚韧性–挑战力，学生会更愿意尝试冒险，比如在公众场合说英语。这项研究包括373名正在学习英语的学生。他们被分为三组，其中一组只上英语教学课，一个早已被广泛采用的为期14周的英语课程。每个学生都参加了一个测试，对他们在课程开始前和结束时愿意用英语做演讲的意愿度进行评估。在课程结束的最后一天，他们各自向小组进行了一次演讲。

第二组学生只采用视觉化的方式，通过系列的活动，教他们想象未来的自己在国际化的工作环境中熟练地使用英语的场景。活动之一是让学生观看影片《哈利波特》（*Harry Potter*）中一个五分钟的视频片段。在选定的场景中，主角之一罗恩在魁地奇比赛前非常紧张。他在早餐时喝了一杯饮料，朋友暗示他哈利在饮料中放了神奇药水。罗恩相信自己喝下了神奇的药水，于是自信心大增，团队也凭借着他的出色表现赢得了比赛。

这一幕让我们看到，通过在饮料中加入神奇药水，犹豫的情绪瞬间就能转化为自信。除了这个短片，研究人员还向学生提供了一些带来积极正向影响的视觉化的例子（如奥林匹克运动员）。

在这项学习研究中，学生还被引导做了一些可视化的练习。其中一个练习是要求学生想象一下，当他们可以熟练地说英文的时候所期望看到的未来自己的理想形象。然后，学生被分成四到五人一组，互相分享各自的愿景。学生回到家后，想象15~20年以后，他们在职业和生活中实现了自我目标后的场景，然后画一幅画，并写一篇短文来描述这个场景。

第三组学生，同样进行了视觉化练习，并训练他们设定长期和短期目标。研究人员给他们播放的视频是迪斯尼系列中的《阿拉丁神灯》（*Aladdin*）的一个八分钟的视频片段，内容关于目标设定。在这个片段中，阿拉丁在一个山洞里看到一盏灯，遇到了精灵，阿拉丁许下了愿望。学生被分为四到五人一组，想象着他们遇到一盏古老的神灯，思考自己会向神灯许下什么心愿。

研究人员引导学生意识到，其实每个人心中都有一个精灵，能让我们梦想成真；学生被告知要在人生早期制定目标，并通过自己的坚强意志努力去实现目标会对日后的成功特别重要。然后，学生就开始用头脑风暴的方式畅想着自己想实现的愿景的画面，并在小组内分享。

接下来的几周，他们学习把目标从20年缩小到5年，再缩小到一年，最后缩小到这个学期。他们分享了彼此的目标，还讨论了如何将英语学习纳入这些目标。他们都确定了为了实现目标所需具备的英语技能和娴熟程度。

接下来，学生把目标按照SMART原则做转化。SMART指的是目标必须是具体、可衡量、可实现、有相关性和时限性的。他们每堂课都有演讲目标，学生会记录自己是否达成。目标的呈现方式要很明确，类似“在小组讨论中，我至少要说两次话”或者“我说话时要用手势”这样的描述。

图5.1展示的是后测结果（小组介入干预方式后用英语交流的意愿度）。虽然各组之间均有差异，但是特别显著的是“视觉化+目标设定组”和其他两组之间的差异。视觉化组和对照组（未做视觉化）的差异并不明显，这表明通过“视觉化+目标设定”的方式可以增加实现成果的概率。

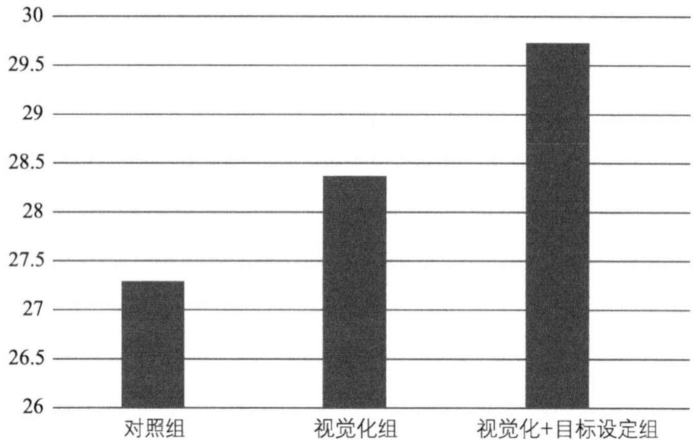

图 5.1　小组介入干预方式后用英语交流的意愿度

这项研究对你的启发是什么？通过设定自己的个人目标——从20年后开始，然后往前设定10年、5年和1年的目标——你就可以开始为你想要的生活做出改变。需要记住的是，设定目标一定要符合SMART原则，即设定的目标需要符合具体、可衡量、可实现、有相关性和时限性五项要素。然后用视觉化的方法去展望实现目标后的生活。这种方法可以帮助你建立坚韧性–挑战力，克服实现人生目标过程中的各种障碍。

不要沉湎于过去的失意：学习、放下、向前看

你是否会经常因为事情没有解决而无法释怀？你是否会反复地回味，一次又一次在心里问自己："如果……了会怎么样？"重温过去并不能改变已经发生了的事实，我们需要在人生的某个时刻让生活继续。坚韧性–挑战力高的人会从失望中学习，然后继续前进。坚韧性心态的一部分是以学习的心态看待过去的经历。改变看待事件的方式会为我们带来心理和生理上的重大转变。

对许多人来说，也许更困难的事情是放下（宽恕）。人们因为这样或那样的事情生气是一件极其耗费能量的事情，我们也许不会停下来思考愤怒或者仇恨情绪的代价。在韩国及美国的威斯康星州都有研究人员花费了大量时间认真查阅了所有公开的研究报告，了解宽恕他人对人们身体健康的影响。

研究人员查阅了128项公开发表的研究报告，其中包括58 531名受试者样本。他们看到所有研究都使用了某种生物标志物（Biomarker）[1]，包括高血糖、胆固醇浓度升高、心肌梗死、中风、骨折、癌症复发或患者的幸福感。研究人员更关注的是宽恕对身体的影响，因为数百项研究和14篇发表的论文都谈到了宽恕他人与心理健康之间的联系。

你对宽恕的定义是怎样的呢？学术界对这个词有几种不同的定义，其中一个很有意思，它将宽恕分为两个维度，第一个维度是决定，指的是你可以决定原谅某人，尽管你在情感上还做不到宽恕；第二个维度与情感/动机相关，这涉及对触犯者的同情。

另外，不宽容的人会长期处于负面情绪中，比如对作恶者的愤怒、怨

---

1 生物标志物是指可以标记系统、器官、组织、细胞及亚细胞结构或功能的改变或可能发生的改变的生化指标，具有非常广泛的用途。生物标志物可用于疾病诊断、判断疾病分期或者用来评价新药或新疗法在目标人群中的安全性及有效性。——译者注

恨、敌意、恐惧、痛苦和仇恨，甚至还想报复或逃避。这些情绪会导致过度反应，包括感到胆战心惊、难以集中注意力、持续焦虑和冲动。这些症状的长期后果可导致人体内的荷尔蒙失调。

另外，不宽恕的人与处于压力情境中的人的大脑模式相似，他们的大脑前额叶皮层（特别是腹内侧前额叶皮层）的认知活动会下降。前额叶皮层承担着大脑制订计划、表达自我、做出决定和调节社交行为的功能。同样，大脑中的颞叶活动（特别是边缘系统）会增加，导致情绪、行为、动机和记忆方面出现问题。

在回顾了所有发表的研究资料后，研究人员得出的一个重要结论是，宽恕他人与身体健康之间存在着显著的正向联系。而且这个关联性非常强，不受年龄、性别、种族、教育程度、职业、积极健康因素或任何研究样本的影响。

与此同时，能够宽恕自己也很重要。在2009年的英国高尔夫球公开赛上，作为历史上参赛年龄最高的选手，同时刚刚经历了髋关节置换术后重返赛场的选手，59岁的汤姆·沃森向延长赛的冠军席位发起冲击。沃森在距离终极胜利仅一杆之遥时，他的最后推杆成绩不太理想，最后只能获得并列第一。他在季后赛中接连失利，令数百万名高尔夫球迷的希望破灭。

当被问到失利时，沃森说："我在高尔夫球场输球的时候，会审视自己的失败，并弥补自己的不足。失败固然令人失望，确实非常失望。但我总能接受失败和失望，并从中挤出希望。正如鲍比·琼斯（另一位伟大的高尔夫球球手）所说："胜利不会让你学习，而失败可以。"

所以，我们建议每个人都应该着眼于未来，而不是沉湎于过去的错误或过失。我们需要的是从失败中吸取教训，并且带着这份学习的心态继续向前迈进。切记不要怀恨在心，放下过去的那些怨恨，选择原谅他人。愤怒给你带来的除了伤害，别无益处。学会放下，方能让你的身心更健康。坚韧性–挑战力意味着从过去的经历中学习并展望未来，承担一定风险，做出改变。具有坚韧性–挑战力高的人懂得采取行动，进行评估，在必要时进行调整，并不断前进。

在下一章中我们将讨论坚韧性的第三个C——掌控力。你将了解掌控能够带来的诸多益处，让你将压力转化为动力。

第6章

理解坚韧性–掌控力

“归根结底，人唯一应该追求的力量是他对自己的控制。”

——埃利·维塞尔，作家、教授、诺贝尔奖获得者、大屠杀幸存者

你认为自己对周围发生的事情的掌控程度如何？你是相信世界正在失控，谁也无能为力去改变任何事情，还是相信生活中总会有一块能被自己很好掌控的地方？看得到自己在哪里，以及自己对周围事物的掌控力，对于我们克服生活中遇到的挑战起着重要作用。

坚韧性模型的掌控力维度的背后有一个坚定的信念，那就是你有能力影响自己生活中的结果，而且你愿意做出选择并为之承担责任。这么做可以让你感受到即便未来存在不确定性，也依然对自己的命运拥有掌控力。

拥有高度掌控力的人通常相信自己是有能力去影响结果的，所以他们可以自信地面对各种新情况。研究人员早就发现，每个人都希望拥有掌控力。人们喜欢感觉到自己对正在发生的事有掌控，这不但会加强安全感，也会在即便压力来临时提升管理周遭环境和生活的效率。

主宰失控的身体：迈克尔·福克斯的故事

迈克尔·福克斯是一位著名演员，他既是喜剧演员，也是作家，还担任过电影制片人，主演过很多电影和电视节目，比如《回到未来》（*Back to The Future*）《旋转城市》（*Spin City*）和《家庭的诞生》（*Family Ties*）等。他的作品赢得了许多奖项，包括五个艾美奖、四个金球奖、一个格莱美奖和两个电影演员公会奖。

29岁时，福克斯被诊断出患有帕金森氏症，他七年后才透露自己的病情。从医生那里得知自己的病情后，福克斯开始酗酒，他生活混乱，根本无法接受这个现实。但后来，福克斯因酗酒而得到帮助后，他就彻底戒酒了。

对那时的福克斯来说，如果只是放弃事业、回到家中与家人共处是一件很容易的事情。他早就挣够了钱，完全可以让自己辞职并过上退休生活；他也可以继续否认自己患病的事实，或简单地接受这样的事情只是“因某种原因”而发生的说法。

然而，恰恰相反，福克斯不但承认了自己的窘境，并作为帕金森病患者代表成了一名社会活动家。他在参议院拨款小组委员会面前作证，参加支持干细胞研究的政治竞选，四处筹集资金，并在许多平台上发表演讲。尽管身体条件有限，他还是掌控了自己的生活方向。

福克斯的身体状况曾经一度恶化。他开始摔跤，体检后得知他的脊髓出现了一个问题，需要进行手术治疗。在完成手术和一系列激烈的物理治疗后他感觉好多了，但在并未完全康复时就开始尝试一些冒险的举动。有一天他因走错一步而摔倒了，结果把手臂给摔骨折了。

他在这个意外事件上的回应方式可以帮助我们对他如何使用坚韧性-掌控力有更多的了解。他说：“我尽量不让自己太‘标新立异’，我不会说事情是‘有原因的’。但我确实认为，越出乎意料的事情，就越有东西需要学习。就拿我自己来说，为什么六个月前当我还在轮椅上时，就认为自己没事，可以从走廊跳到厨房？这是因为我对自己有着非常乐观的预期，所以我想用结果来证明。但我也失败了，我没有好好对待失败。”

从这个例子中我们可以看出，即便是掌控力高的人也不相信自己就可以征服遇到的所有困难。他们能够意识到自己能力的局限性，并且从经验中学习。这就将“坚韧性”与另一个非常流行的“坚毅”的概念区别开来。坚毅的人更有可能继续前进，即使在目标不合理或无法实现的情况下也会坚持下去。另外，坚韧性中的掌控力更多地在于理解自己的极限，知道什么时候可以继续前进，什么时候应该停歇。

管理你的内在驱动

关于掌控力及其是如何影响我们的这个主题已经有过大量的研究。比如，研究中发现，掌控力越高的人在学校里学习成绩越好，在人际交往中越容易感到愉悦，同时，他们的犯罪率越低，并且出现吸毒的概率较低，表现出的攻击性也更小。

然而，人们对于掌控力的内涵存在一个重大误解。掌控力涉及的不仅是意志力，或者具备足够的内在资源去抵制诱惑。研究发现，掌控力高的人更能养成健康的习惯，他们抵制诱惑，而不仅与诱惑做斗争。举个例子，同样是参加聚会，一个有酗酒习惯而掌控力高的人在面对这个诱人的邀请时会选择不参加；另外，掌控力低的酒鬼则可能去参加聚会，并幻想着自己能够与喝酒的本能冲动做抗争。

得克萨斯农工大学的一组研究人员做了一系列特别有趣的研究，他们观察了掌控力与生理内脏状态（visceral states）之间的关系。内脏状态基本上是你在想要行动时所处的内在生理状态，包括因此驱动的饥饿或者口渴。当内脏状态高时，你更会容易屈服于诱惑。比如，当你觉得饿时，就会激发你想吃东西的欲望，进而破坏你的饮食计划；又比如当睡眠不足时，通常你会吃掉更多高热量的食物。研究发现，压力会降低掌控力，会导致口味更重、吃更不健康的食物。常见的轻症（如感冒）通常与压力下身体的疲劳、不适和疼痛有关。

掌控力与建立并维持有效的健康习惯有紧密的关系。当诸如饥饿和口渴等的本能状态变得更加强烈时，你对良好习惯的掌控力就会遇到挑战。掌控力越高，就越能抵制不健康的行为。例如，通过少食多餐，掌控力高的人可以让自己较少出现暴饮暴食和摄入不健康食物的现象。德州农工大学的研究人员就这些习惯在他们的实验对象——5 598名大学生中进行了研究，在五年内测量了他们的掌控力水平及不同条件下的生理反应。

研究结果表明，掌控力高的人所经历的紧张程度较低，本能状态出现的概率也较低。换句话说，掌控力方面得分较高的人表现出的饥饿和疲劳程度较低，患普通感冒的概率较低，出现的极端压力情形较少。所以，掌控力高与本能状态的较少出现和强度更低有关。

对于这一组人还有一些研究揭示了更高的掌控力和更健康的习惯之间的更多联系，很明显，这些会带来更为健康的生活方式。研究人员发现，掌控力高的人在测试时饥饿感较低，部分原因得益于他们吃东西的次数较频繁。研究也发现他们较少出现疲劳的现象，这得益于他们前一天晚上睡得多。这项研究有助于我们更好地理解为什么掌控力更高的人一直更健康。

规划有序的未来

我们还了解到，更高的掌控力与有条理、有计划和有远见之间有密切的联系。“条理、计划和远见”或许听起来像性格特质中的责任心。掌控力高的人倾向于仔细计划好自己的假期时间，包括筛选最佳酒店，走哪条路线；他们会提前预订晚餐、预购活动门票等。然而，掌控力低的人容易把事情搞砸，比如很可能迷路，或者花很多时间和成本找到一家像样的有空房的酒店，等到最后一分钟才去做必须做的事情，很容易发生想欣赏的音乐会的门票早已卖光的情形。

对性格方面的研究表明，高度的责任心也与更健康的生活和承担更少的压力有关。但是，它从何而来呢？虽然目前对此并无简单而完整的答案，但我们确实知道，责任心这种特质部分是遗传的，而另一部分是通过有意义的社会角色和责任来培养的。

除了影响条理和计划，掌控力还与智力有关。人类智力的某些方面，比如，死记硬背是更为自动化的程序，可能不受掌控力的影响，然而在其他方面，比如逻辑推理和推断（需要同时对结果进行推理和阐述）等都被发现受掌控力的影响。

掌控：太多或太少

虽然我们已经介绍了关于具备高度的坚韧性–掌控力的好处，但是心理学家在对于是否能做到拥有更高掌控力上还存在分歧。我们倾向于认为掌控力高的益处是它有助于管理个人的冲动行为，比如节食和吸烟，但事实上这些都是最难掌控的行为。想想看，如果这些问题都容易得到控制，我们就不会看到大量的那些试图管理它们的行业了。遗憾的是，这一领域即便通过后续研究，也并没有发现能够通过纯粹的意志力或任何有意识的尝试来成功掌控这些行为。我们会根据后续的例子具体分析。

管理你的冲动

很多证据表明，掌控力高或者更能延迟满足（通常也称为“冲动控制”）关系到一个人在学校中是否能获取高分。掌控力越高的人越有纪律，越能计划好时间完成作业和学习任务。拖延本质上是掌控力低下的一种表现。重度拖延的人容易分心，执行任务时容易偏离轨道。他们可能在要完成论文或工作项目做在线调查的过程中，更容易被闲谈、网购或旅游网站等吸引。

对于著名的“棉花糖测试”，你也许并不陌生。这是20世纪60年代沃尔特·米舍尔在斯坦福大学进行的测试，实验对象是一群四岁的孩子。米舍尔让所有孩子都坐在一个房间里，房间里有一把椅子、一张桌子和一颗棉花糖。实验者告诉孩子们，他必须出去一会，并给了孩子们一个提议：“如果想马上吃掉棉花糖，那就吃好了；但是，如果你能等到大人回来，奖励将是得到第二颗棉花糖。”

孩子们自己做出了选择。2/3的孩子成功地坚持了下来并获得了第二颗棉花糖，没做到的孩子则没有棉花糖。12~14年后，当这些孩子们即将高中毕业时，米切尔找到他们并拿到了他们的学业成绩。他还请孩子们的父母亲评估自己的孩子能被学校录用的成功率。

据称，直接吃下第一颗棉花糖而不是等着吃第二颗的孩子中的一两个有些问题，而且整体而言，这一组孩子不太擅长社交，比较固执和优柔寡断；而且很容易向挫折和诱惑屈服。

那些成功等待第二颗棉花糖的孩子，因为延迟了自己的满足，这让他们的快乐翻倍了，而且日后证明他们更为成功。他们整体表现出良好的社交技巧和优越的应对机制，这在他们的学业成绩中也得到体现。简而言之，这些人是更优秀的学生，他们在SAT考试中取得了高分。这也许听上去让人觉得不可思议，四岁时能够等待第二颗棉花糖的能力竟然可以预测孩子未来的SAT成绩，而不是根据智商来预测的。

研究人员发现，与掌控力密切相关的第二个领域是冲动控制问题，如暴饮暴食和酗酒。许多不同研究都将掌控力低与饮酒问题联系起来。此外，人们还发现掌控力低的人在存钱方面也存在更多的问题，而且这些人发生饮食失调的概率也更高。

心理问题是否与掌控力相关

研究发现，掌控力低的人还有很多适应方面的问题，其中就包括一些心理健康障碍。比如抑郁和焦虑，这种显而易见的问题都被认为是情绪控制不佳所致。然而，其他疾病问题（如强迫症和神经性厌食症）可能来自过度控制。

不止一项研究表明，在所有经过测量的领域中，更高的掌控力都能让人呈现出更为健康的精神状态。这些包括躯体化（通过身体症状来表达精神压力）、强迫症、抑郁、焦虑、愤怒、恐慌、偏执思维和其他精神病等所有的测评。

研究人员没有把强迫症一类的失常症状视为“过度控制”，而是将之称为自我调节问题。换句话说，有这类问题的人很难控制自己的情绪。所以，更高的掌控力意味着能够更好地控制和调节情绪及冲动，不那么强迫或完美主义。

我们通过筛选工具SA–45表（也称45项症状评估表）来研究掌控力（及其他坚韧性因素）与一些心理健康问题之间的关系。这个测量方法因为早已被验证，所以每年有数百个医疗和心理健康中心都在使用，已经累计筛查过数以万计的病人。我们用坚韧性弹性量表和SA–45表对332名在职成年人进行了调查，以研究心理健康症状与坚韧性之间的关系。

我们的研究结果与之前引用的研究结果相似，即一个人的坚韧性和掌控力越高，其总体症状得分越低。事实是，掌控力得分越高，出现症状的得分就越低。与坚韧性–掌控力显著相关的心理健康问题如图6.1所示。

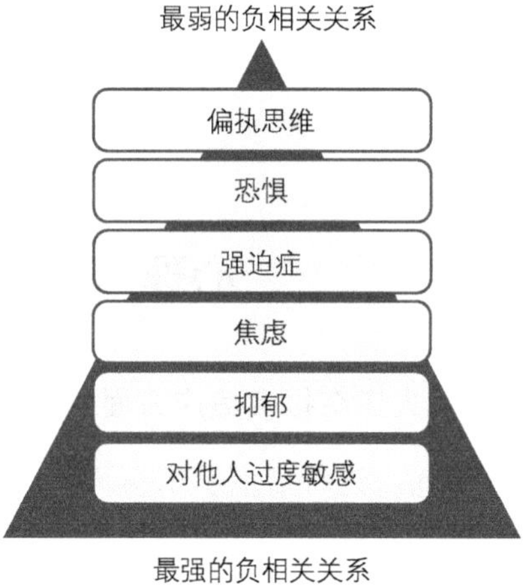

图 6.1　与坚韧性–掌控力显著相关的心理健康问题

从图6.1中可以看到，最强的负相关关系存在于坚韧性–掌控力和人际关系敏感度（对他人过度敏感）之间。你的坚韧性-掌控力越高，人际关系敏感度就越低，从而你与他人相处得当的能力也就越高。同样重要但关系不是那么大的是坚韧性-掌控力与偏执思维的关系。

这里最有趣的是坚韧性-掌控力和强迫症之间的负相关关系。如前所述，该领域一直是研究人员关注的问题之一。过度控制会导致完美主义或强迫症吗？实际上，我们得到的数据和之前的研究一样，均不支持这个推测。看起来，掌控力更高的人能更好地控制自己的冲动，然而追求完美主义或有强迫症的人无法很好地调节自己的情绪和冲动。

除此之外，有三个症状没有发现与掌控力有显著关联，分别是躯体化（由心理因素导致的身体症状）、敌意和精神质（有不寻常的想法、幻听或看到别人没有看到的东西）。所以，不管一个人的坚韧性-掌控力程度如何，他们都可能有身体上的症状、对他人刻薄的现象，或者有不寻常的思维模式。

掌控力高是否有利于工作

更高的掌控力会产生哪些积极影响？一项关于职场掌控力的研究发现，掌控力高的主管更容易获得下属的信任，他们获得的公平评分也更高。

麦克斯是一家大型纸盒制造公司的经理。公司副总裁爱丽丝从一些向他汇报的员工那里获得了关于麦克斯的一些负面反馈，主要反映他做不到公平待人。爱丽丝在与麦克斯谈话后很快就明白了，麦克斯根本不知道怎么和他人沟通，尤其是如何与他的下属交流。爱丽丝觉得他非常有必要清晰自己的行为和员工对他的看法，于是，爱丽丝给他推荐了教练。

麦克斯的教练给他做了坚韧性弹性测试。相较其他因素而言，麦克斯的坚韧性中的掌控力得分较低，在承诺力和挑战力上的得分相对更高。当和他谈论掌控力得分时，麦克斯提到自己是如何渴望受人欢迎，而又是如何讨厌给别人设定权限的。在麦克斯心中，每个人都应该自己负责做决定，他不想干涉别人做选择。

“如果事情本身会变糟，那么，它就只能是这样了。”麦克斯说：“我真的不认为干预可以改变任何事情。”

麦克斯的教练指出，人们喜欢在工作中得到反馈。没有任何反馈意味着要么你不在乎，要么你不认可他们的付出。如果人们得不到任何反馈，而要凭着自己去解读自己在工作中的表现，就好比一个人开着一部没有方向盘的汽车一样。

麦克斯了解到，无论员工在运用何种技能，提供绩效反馈都是很重要的，这样可以帮助他们提升，确保每个员工都在正确的轨道上。他还了解到哪怕是面部表情，比如皱眉（即使是不自觉的）也可能被人负面解读，从而影响员工的工作表现。

生活中麦克斯还在很多方面不够积极主动。教练的指导使他对周围的各种迹象变得更负责任、更灵敏，之前“让事情自然发生”的信念最终转变为“事情总会发生，但我可以影响事情发生的结果”。换句话说，通过承担更多责任，对要发生的事情采取行动帮助他提高了对生活的掌控力。随着时间的推移，麦克斯的下属看到了他的变化，无论是在工作中还是在与麦克斯的互动中都感觉更舒服了。此外，他们还感受到麦克斯逐渐变得更加公平。

掌控力是如何让你在工作中更有成效的

《哈佛商业评论》中有过一篇关于掌控力及其在组织中的重要性的综述，文中的研究人员总结了迄今为止的所有重要发现。

掌控力的好处，除了我们反复提及的——比如掌控力高的人会饮食更健康，不滥用药物，能建立高品质的友谊，学习成绩更优异等，还有一些与工作相关的发现。例如，掌控力高的领导者通常展现出更有效的领导风格，他们更善于激励，能理智地挑战自己的下属。他们很少去责骂他人，也不会事必躬亲。

研究人员称，工作场所的掌控力好比保持健康的能力，你得不断锻炼和补充营养才能保持健康。例如，他们发现当工作场所的掌控力下降时，就会出现更多负面情况或糟糕的事情。

一项研究发现，掌控力较低的护士对病人会更粗鲁；另一项研究表明，掌控力较低的税务会计师更容易犯欺诈罪。总而言之，相比自我评估中掌控力高的人，掌控力较低的员工更容易对上级撒谎，也更可能在工作中顺手牵羊。

工作中许多社交行为也与掌控力有关。掌控力较低的员工在工作中看到问题时通常不吱声，也不太去帮助有需要的同事；此外，他们的社会责任感较低，因为他们不太自愿参加公司和外部的活动。

最后，如果企业领导人的掌控力偏低则会明显呈现出短板。他们容易对下属进行口头辱骂，不大使用积极的激励方式。他们往往与下属的关系较差，在员工心目中的评价是没什么魅力。

该如何提高自己的掌控力

我们会推荐一些已经发现的比较有趣的方式来帮助人们提高掌控力。其中一个很大的影响因素便是人们的睡眠时间。晚上睡得好、不受打扰的人，在工作中能有更高的掌控力，对他人较少会恶语相向；相对睡眠质量很差的人，他们不大会出现大喊大叫或者咒骂连天的情形。如果员工超时工作，或者给员工施加压力就会影响员工睡眠时间，从而降低其在工作中的生产力。这也是为什么像谷歌这样的公司会在办公室放置睡眠舱的原因，因为员工小睡片刻就能焕发活力。

另一个影响员工掌控力的问题来自许多公司主张的“微笑服务”口号。很多公司要求员工对顾客微笑，即使在受到不良对待时也要如此。这个方法可能短期内有帮助，但长期来说会给员工的健康和组织带来问题。

培养员工的同理心——也就是学习读懂他人的情绪及理解他人的观点也是一个让人更健康的方法。这并非指你必须认同每个客户，对他们保持微笑，也不是说一定要承认他们是对的。具备同理心意味着你可以让他人知道你理解他们的感受（“我能感受到你的痛苦”）。同理他人会让你的工作开展得更顺畅。同理他人并非意味着要取悦每一位顾客，但是能让员工更为诚实、保持尊严和健康。

对医生的研究发现，那些假装自己有同理心的医生报告说他们的工作倦怠感增强，满意度降低。另外，那些能够做到视角转换——也就是能站在他人的角度来看待问题并真正具有同理心的医生，在工作中的表现要好得多。

在组织中，创造道德文化也很重要。研究发现，在组织中通过随处可见的标志、员工会议、公司内刊等去宣传行为规范，因掌控力较低而发生的违规行为会较少。这些宣传有助于提醒人们抵制诱惑，确保他们走在正确并健康的轨道上。研究发现这种方法短期内是有效的，也是保持办公场所文明的一种高成本效益的方法。

在生活中，掌控力是一个在管理预期和意外压力上都很有价值的方法，培养掌控力会支持你应对生活中的挑战。在下一章中，我们将介绍一些具体策略，从而帮助你提高对生活的掌控力。

第7章

掌控自己

“与其让别人掌握你的命运，不如你自己来主宰。”

——杰克·韦尔奇，美国商业执行官，通用电气前董事长兼首席执行官

坚韧性–掌控力是一种信念，也就是相信你能够控制或影响周边正在发生的及即将发生的事情。与掌控相反的是一种无力感或无助感，做不了任何事情去创造不同。请带着这种信念，应用本章提供的一些提高掌控力的步骤。

把时间和精力专注在你能掌控或影响的事情上

珍妮热爱她的工作。她在一家大型服务机构的市场部上班，这是她梦寐以求的工作。她的工作很有挑战性，得运用自己所有的技能和训练。她很喜欢自己的客户，而且和老板也相处得很好。

然而，工作中有一个让她不舒服的地方来自她的同事安妮。她们两个很不一样，无论在工作之中还是工作之外，很多时候意见都不一致。珍妮更年轻，事业也才刚刚起步，而安妮在该服务机构待的时间久得多，某种程度上已经有职业倦怠感了。安妮对自己的工作和个人生活都不满意，但她从不隐瞒。珍妮发现她总是抱怨，这让她在工作时分心。尽管她试图避开安妮，但因为大家在同一间小办公室里，要避开也很困难。

珍妮曾试图离安妮远一点，但她的经理指出办公室空间有限，没多少地方可去。对珍妮而言，安妮的存在从刚开始的令她分心逐渐演变成了一种困扰。她很担心安妮的胡言乱语会把办公室弄得乌烟瘴气——因为她会不停抱怨，从办公室到经理，从懒惰的女儿到与邻居之间的琐事——没完没了。珍妮感到自己被困在和安妮在一起的公用办公室里束手无措。

珍妮终于意识到自己太多的时间和精力被安妮消耗掉了，她又无可奈何。她热爱这份工作，不想因为办公室里讨厌的人而离开。她一定要找到出路。她意识到自己既控制不了安妮，也改善不了客观环境，她的经理对此也不关注。然而，她唯一能掌控的是自己的行为，以及对安妮那些惹人生厌的行为的反应。她决定改变自己的方式，而不是浪费时间去担心安妮的下一次语言攻击。

珍妮渐渐明白，她对安妮的行为过于被动。她不敢通过某种方式把自己的想法说出来或者直接批评她。现在是时候让自己更加坚定了。她想了一些可以对安妮说的话，用非常坚定而尊敬的态度，她明确自己的目的不是掌控安妮的行为，更不是报复她，而是把自己的心声大声地说出来，从而把自己从困境中解脱出来，任由安妮分散自己对工作的注意力才是当下最让她不安的。

珍妮设计了很多对安妮说的话，比如，“安妮，我很抱歉你对这些事情感到不安，但我很满意自己的工作状况，我不想再听到任何关于工作的抱怨”，以及“安妮，你现在家里情况不太好，这的确很不幸。抱歉我真的无能为力，现在不是解决这些问题的好时机，我有很多事情要做”。

珍妮做了一点演练，让自己能够委婉而不带情绪地表达。她完全掌控着自己想传递的信息和表达方式，她也意识到她无法掌控安妮的反应和任何可能的行为。

让珍妮惊讶的是，安妮接受了这些言论，并且一切正常进行着。从此，过去那些烦人的抱怨消失了，珍妮能更好地将注意力集中在自己的工作上。而且自此以后，珍妮也不在乎安妮是否减少了对自己的关注，因为她意识到自己并非想获取安妮的友谊或支持，而是想做自己喜欢的工作。

坚韧性–掌控力意味着能够客观看待自己的情形，并确定哪些可控，哪些不可控。知道如何掌控自己管辖的事情并采取行动是坚韧性–掌控力的基础。

为了确保注意力专注在正确的方向上，你首先需要停下来思考自己的目标是什么。在生活中，人们很容易被那些在更大层面看来不那么重要的事情分散注意力。一旦你知道生活中真正有意义的是什么，就更容易把关注点集中在真正的要务上。然后，将自己的行动和精力都投入其中，关注自己真正可控的部分，比如思想、信念和行动。通过掌控自己，你便逐渐可以更好地影响周围的人；通过更好地管理身边的人，你便可以更好地影响所在的社区；通过在社区中发挥更大影响力，你就能更好地对更大的环境产生影响。这就建立了坚韧性–掌控力。

做自己能力范围内富有挑战性但在可承受范围之内的事情

1995年，心理学家米哈利·西克森特米哈雷提出一种称为“心流”的精神状态，有时也称为“在区间中”。他提到，当一个人遇到的挑战略微超出他的技能水平时便产生心流状态。换言之，当挑战性不够时，你会感到无聊；而太过于挑战时，你会感觉焦虑并放弃。但是，正如金发姑娘原则（Goldilocks rule）提到的一样，当事情不是太难也不是太容易时，一切就刚刚好——当你的技能正好匹配或者刚好低于挑战时，你就可以达到心流状态。

人们发现，心流状态可见于各种各样的活动中，如运动、演奏乐器、表演、解决复杂问题、写作、爬山、宗教活动、灵修体验、游戏等。图7.1代表的就是心流状态。

当然，要达到心流状态意味着要了解自己的能力，这也表示需要充分地了解自己的成就水平。要诚实，既不夸大也不低估自己的能力，通过客观的方法来明确自己到底对某件事情有多擅长。从客观的、值得信任的人那里获得反馈，某些情况下可以从一些自动化程序比如在线测评处获得帮助。坚韧性–掌控力高的人善于评估自己的局限和能力。

史蒂文（本书作者之一）在30年后重回音乐界演奏萨克斯时，很难明确该从哪个级别开始。他提道："我在高中和大学里学到的大部分东西都遗忘了，幸运的是，我在网上找到了一些很棒的音乐教学程序，而且有个程序能在我演奏时进行录制并给予评分。演奏完毕后，弹奏错误和时间错位的音符都会客观地反映在屏幕上。我能看到（和听到）自己在每个单元中出错的比例。这种反馈让我不会从一个太难的水平开始，那样会因为太容易出错而想放弃；也不会让我从一个太容易的水平开始，那样会让我觉得无聊。"

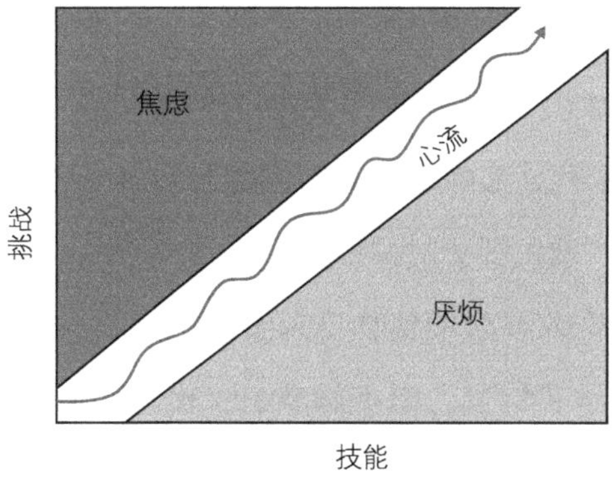

图 7.1　心流状态

从第5章的思维模式理论中，我们学到的一点是每个人都是可以不断成长并提高自身表现的。而心流状态给我们提供了一个通往成功的路线图。通过了解自身能力，选择合适自己的挑战，可以成功地确保自己不被压垮，搞定各种挑战，这有助于建立坚韧性–掌控力。

将困难的工作拆分成可管理的部分以便看到进展

你发现自己在一个项目上多久会出现一次拖延现象？有些时候，分个心、走个神是很容易发生的。对于一个新项目，最困难的事情之一就是启动它，第一步看起来让人倍感压力。如何才能更有效地迈开第一步呢？

对此，你需要做的第一件事就是界定你的项目。你的目标是什么？你希望获得什么样的成果？可能是写一份报告，分析一下情境，形成一个演示文稿，提出一个建议，执行一个研究项目，做一场销售宣传，创建一笔预算，提出一个新的想法，或者其他什么。把它写在纸上或计算机上吧：我想做的是____________。

克服惰性的最佳方法之一就是先开启项目的第一步。特别重要的是，你要意识到现在开始的只是一个草案，你所做的一切都可能发生改变，这是你需要秉承的心态。不管第一次尝试有多糟糕，下一次尝试则有很大可能会更好。事实上，虽然项目本身可能有时间限制，但是返工的次数可能没有限制。所以，只要做起来就好。此刻做就比不做更好！

一旦描述清楚了自己想做的事情，你就开始着手将大大小小的任务进行分解。而且每完成一项大任务时都适当给自己一些奖励，可以变着法子来犒劳自己，比如享用个人喜欢的食物（只要对健康没有坏处），我个人偏爱甘草和酒胶糖（虽然我知道它们不健康）；也可以做个短距离散步，锻炼身体，看一段YouTube的视频，给想聊天的人打电话，或者选择自己认为有创意的短期奖励。当你知道如何自我激励时，就会提高坚韧性–掌控力。

《哈佛商业评论》曾经发表过一篇文章，文中提到，有研究人员用一些具体问题对六大洲约20 000名专业人士展开了关于生产力的调研。调研得出的结论是，工作时间延长并不会提高生产力，而更聪明的工作方式可以；年长、资深的专业人士比年轻、资历浅的同事更有效率。总体来说，男性和女性的效率相同（尽管在特定习惯上有一些差异）。

职业人员的生产力水平高低可以借助一些具体的方法进行区分，这里介绍一些，在下一章中会进一步讨论。首先，生产力高的人通常会从做计划开始。所以如果是要进行一项写作，那么先按照逻辑顺序列出一个大纲将有助于写作顺利开展。

最有生产力的人会安排好自己的日常生活。所以，就像起床穿衣服或吃早餐一样，你应该制定一个日程表来确保自己每天都会进行一部分项目工作，可以是阅读、写作、研究或任何活动。最重要的是每个工作日都完成一些事情。为了提升坚韧性–掌控力，需要习惯性地能搞定一些事情。就像著名鞋品制造商耐克的口号："只管去做！"

《哈佛商业评论》的调查还发现，每天在日程表中留出一定的开放时间也是一个不错的主意。把一天的日程安排得太满并不会让你高效，需要始终保留一些空间来处理紧急情况或意外事件。

当今社会，人们的一大干扰来自不断接收的电子邮件。许多人往往习惯于停下手头的工作，一到办公室就查看邮件。如果你让自己不是一有邮件就查看，而是每小时查看一次邮件或更低频率去做这件事，你会发现自己的效率更高。另外，你可以通过只查看发件人和主题行来跳过大部分信息，因为当下只需要处理重要且需要立即回复的邮件，剩下的可以等到时间充裕时处理。

提前规划任务，准备合适的工具和资源

佩德罗最讨厌的就是在一个项目开始前先做好计划。他总是迫不及待地干了再说，并全力以赴。他知道如何启动一项任务，而且他相信一旦开始了，就没什么能阻挡自己。这一点在某种程度上的确如此。热情和精力可以使他走得很远，但似乎又总是很难完成项目。他要么走到最后疲惫不堪，要么遇到障碍停滞不前，对下个阶段一筹莫展。每当此时，他总是感到无比的沮丧、挫败和失落。

当任务由多个部分构成或者会有不同阶段时，我们最好做些规划。想一

想可能需要多少时间，是否可以把它分解成更小的步骤，需要哪些资源。这就好比建房子，没有一整套计划和建筑图纸，房子也建不成。当涉及多个项目时，做计划的程度则因实际不同。对于较小的项目，只制定明确主要步骤即可，而较大的项目需要进行更详细的规划。

写一本书也好比一个长期项目，比如说你正在读的这本书。开始撰写之前，我们先勾勒好大纲和章节分布情况，并给每个章节取个临时标题，然后在每一章的标题中加入一段简短的描述，概述清楚每个章节计划涵盖的内容；然后用一页纸来描述这本书整体讲什么，以及希望通过此书实现的目标是什么。这对于出版商和作者本身都很重要，也能有效地帮助我们完成整个写作过程。在规划章节的同时，我们开始思考内容，这就包括可能需要展开的研究，如何获取研究细节，甚至可能需要一些实际案例等。每当我们写不下去或者在写作中遇到问题，我们就会回头看看大纲，确保我们在正确的轨道上。

几乎任何项目、建议或尝试都可能因为做计划而受益，做计划有助于预见未来的挑战，识别机遇；做计划会帮助你提前做好准备。过生日的时候，我们期待的是惊喜；然而对于一个项目，惊喜并不是那么受欢迎。做计划时不必面面俱到，只需要考虑整个过程，知道从哪里开始、从哪里结束。通过做更多计划，你也将建立起自己的坚韧性–掌控力，因为你知道哪些尽在掌握，哪些可能超出控制范围。

设定目标的好处

已经有一些新的证据表明设定目标为人们的心理健康也会带来益处。宾夕法尼亚州立大学的心理学家对3 000多名成年人进行了长达十八年的跟踪调查。他们收集了1995—2013年共三个时期的数据。受试者被问及他们设定目标的方法，以及他们在生活中掌握挑战的能力。在每个间隔期，他们也会进行关于抑郁、焦虑和惊恐障碍的评估。

他们发现，在20世纪90年代中期的第一次评估中，那些表现出最大目标坚持性和乐观精神的人在十八年中较少出现抑郁、焦虑和惊恐障碍。此外，那些抑郁、焦虑和惊恐程度最低的人对他们的生活目标表现出更大的毅力，并且更善于关注消极事件的积极方面。

研究人员说："研究结果表明，人们可以通过提高或保持高度的坚韧、抗压力和乐观精神来改善他们的心理健康……对个人和事业目标有抱负会让人觉得自己的生活充满意义。另外，如果想着要从目标的斗争中解脱出来，或者抱有一种愤世嫉俗的心态，可能导致高昂的心理健康代价。"

知道自己的可控范围

在这项研究中还有一个有趣的发现，与自我控制有关——你可以去做任何你想做的事的信念。不同于之前的一些研究，研究人员发现相信自己拥有最终掌控权与心理健康无关，而且人们感受到对自己生活的掌控程度在整个过程中并没有太大变化。这些发现让研究人员认为自我控制是一种特质，一种稳定而不会被轻易改变的人格特质。

对此，我们不完全赞同。我们相信坚韧性–掌控力是可以改变的，而这项研究更能说明的是改变不会完全自主、自然而然地发生。如果一个人不是非常坚定地想要改变自己的行为方式（通过教练、治疗或体验式学习），改变的确很难发生。而坚韧性–掌控力并不意味着你有最终掌控权，也不代表你可以改变任何自己想改变的事情。坚韧性–掌控力高的人通常会感觉到自己有强烈的自我掌控感，所以一方面他们会提前做计划，而另一方面他们也知道自己存在的局限。他们不会奢望不切实际的控制。

例如，我知道任何情况下我都能改变自己的感受、想法和行为，但我不一定总能改变现状。我所能带来的改变不会是戏剧性的，但可能重新界定我所经历过的（压力）处境。

如果我在丛林中遇到一头饥饿的老虎，我一定会无比恐惧。我知道我不能用“意念”把老虎赶走，但我可以决定自己是因为害怕而僵持在那里（让自己被吃掉）还是为了活命而奔跑（希望逃脱）。如果我把这种情况看作毫无希望，那么我就更有可能经历前者；如果我将之解读为“我有机会活下去”，那么我就会经历后者。坚韧性–掌控力就是如此来帮助你做出类似的人生决定的。通过学习如何做计划，你可以更好地想象不同的情景，做出更好的决策。

需要时寻求帮助

你如何知道自己什么时候需要帮助？的确，在保持独立和寻求帮助之间需要有个很好的平衡。有些人总是请求别人帮助自己，而有些人，即使不知道自己在做什么或要去哪里，也拒绝听从别人的意见。

布拉德是一家成立不久却发展迅速的科技公司总裁，本书作者之一史蒂文在一次给青年总裁组织演讲时认识了他。青年总裁组织是一个世界性的组织，所有成员都在45岁以下，凡是加入该组织的成员要么有超过2 000万美元的身家，要么其经营的公司年销售额超过1亿美元，这的确是一个非常令人瞩目的群体。

当时我演讲的主题是情商和领导力。在问答讨论环节后，布拉德私下找到我，想告诉我在他的成功中情商毫不重要。他认为自己所有的成功都归功于他的高智商，因为他就是那个研发了公司销售软件的人。他亲自做了所有的市场和销售，还管理账目，为用户进行产品培训，提供技术支持，并掌管所有人员的招聘与离职。不知道他是不是有睡觉的时间，但他知道自己是个很忙的人。他说对自己而言履行所有这些职能很重要，因为在所有领域里，没有人比他更能干。

事实上，当时他的表述给了我相当大的压力，尤其针对我提到的要找到并雇用最优秀的人来负责组织中这些角色的这一点上。我在演讲中提到，像比尔·盖茨和迈克尔·戴尔这样成功的企业家是如何在公司里雇用优秀的人才去管理不同部门的。当布拉德继续谈论他的特殊才华时，他的2IC（二把手，一位叫南希的年轻女士）站在一旁耐心地倾听。长篇大论完之后他就去了酒吧，根本不等我的解释。

“别听他说的，”他一离开南希便尖声说道：“我每天都得和他一起工作，他在任何方面都是个灾难。他必须管理的原因是没人能和他一起工作。他听不进去任何人的话，公司员工现在饱受折磨，我们根本留不住好的人才。”

南希还说：“他欠银行很多钱，销售额也下降了，我也不知道我还会待多久。谢谢你的演讲，你说得非常在点。只是，我希望他能看到。”

我们再一次看到了过度掌控的后果。坚韧性–掌控力的真正含义是了解自己的局限性并相应行事。如果布拉德能很好地做到这一点，而不是亲自负责那么多职能，让自己的工作过于分散，他就能专心为每个职位寻找合适的人选，然后让自己专注于自己的强项上。

坚韧性–掌控力高的领导者通常都很自信，因为他们知道自己掌控着公司，他们知道自己可以决定谁去运营哪个部门及如何运营。但是，如果你认为自己可以直接亲自控制所有这些复杂的功能，那就是过度掌控，这也是过于自负的表现。你完全不需要事必躬亲地掌控一切。

向他人获取建议是一项优势而非弱势。如今，高管教练是企业界发展最快的职业之一。聘请高管教练，就像私人培训师一样，一开始被认为有点尴尬，现在却成了一种荣誉徽章。如今，许多最成功的企业领导人都与高管教练一起工作，并乐于得到教练的指导和建议。许多领导人告诉我们，他们不仅在管理上得到了很好的建议，而且缓解了因为高处不胜寒而无人可以交谈的压力。教练可以帮助你增强决策的信心，这也有助于建立你的坚韧性–掌控力。

认可自己的成功

玛丽安娜是其所在国家最大的金融机构之一的第一位女性副总裁。她是整个行业的女性典范，打破了一直由男性主导的行业天花板。经过多年的努力，她从一线职位升到了高管。

玛丽安娜的职业生涯中有一段从事人力资源管理的工作经历，她发现自己对人有着浓厚的兴趣，知道什么可以让人活跃。为了探索自己的兴趣，玛丽安娜接受了一系列心理测评以便能更好地将这些兴趣应用在工作场所中。在这些评估中，有一个是情商量表2.0（Emotional Quotient inventory 2.0，简称EQ–i 2.0），这是世界上第一个、也是使用最广泛的情商测量方法。

我们预期玛丽安娜整体分数会是董事会成员中最高的一个，结果却令人相当惊讶。虽然玛丽安娜有很多项目得分都很高，包括同理心、坚定和人际关系，但她有一个特别低的分数，那便是自尊。自尊意味着足够了解自我，清晰地知道自己的优势、挑战，并且足够自信。怎么会这样呢？我们一开始认为可能是打分错误。一个在事业上取得巨大成就的人，怎么会有如此低水平的自尊呢？

当我们询问玛丽安娜时，她本人却对这个评估结果表示高度认同。她觉得正是她的人际交往能力及能够倾听并理解他人才使她坐到了现在的位置。然而，她并不认为自己值得拥有一些特别的荣誉，她认为自己“只是做了我的工作”。当我们解释说她已经取得了如此多的成就，并且被许多人视为榜样时，她却轻描淡写地一笔带过。经过了一段时间的探索，玛丽安娜终于看到了自己的成就是独一无二的。而且，更重要的是，通过认可自己的成功，她可以作为一个鼓舞人心的榜样最大限度地帮助数以百计的女性，这让情况发生了翻天覆地的变化。

在企业界，我们遇到过很多成功的女性，她们对自己的成功轻描淡写。对她们中的许多人来说，这归结为不认可过去的成功。因此，对这些女性进行教练的部分内容就包括认可过去的成功，这意味着要回顾个人的职业生涯，识别那些辉煌时刻，庆祝自己的里程碑，并与其他成功建立联系。我们发现，成功并不是随机的，也不是凭运气。

坚韧性–掌控力也指能意识到自己对某些行为负有责任，正是这些行为将你带入当下的境地。所以，有意识地认可并庆祝成功是一种提高坚韧性–掌控力的方式。这并非自负，而是诚实地看待自己的积极成就。通过认可自己为成功付出的努力，你会更清楚地看到自己的行动和结果之间的联系，而巩固这种联系有助于建立你的坚韧性–掌控力。

通过提高玛丽安娜的坚韧性–掌控力，我们帮助她将努力工作和成功之间的点点滴滴连在一起，让她改变了对自己的看法。玛丽安娜不仅提高了EQ–i 2.0上的自尊得分；更重要的是，她变得更加积极，成了业内其他女性的榜样。她进行了许多公开演讲，并在自己的金融机构中更积极地参与指导其他具备高潜力的女性。

当问题得不到解决时，请将注意力转向自己能掌控的事情

在遇到问题却又找不到方法时，你可以做什么？我们都会遇到无法掌控的情形。我们可以继续努力，希望有所改变；也可以采取更现实的做法，那

便是改变方向。高水平的坚韧性–掌控力也包含能意识到自己能改变的和无法控制的分别是什么。

我们可以掌控的是我们对事件的反应。通过管理我们的思想，我们能影响自己的情绪和行为。决定我们对事件的感受和行为的正是自己的内在对话。马里奥和克劳德是美国中西部一家制造公司的业务开发人员。这家公司过去几年经历了一些困难后，总部决定关闭中西部分公司。对此，马里奥和克劳德的反应截然不同。

马里奥觉得关闭工厂毫无道理，并立即请愿，要见老板和地区副总统表明他所知道的信息。他全力以赴地准备着历史销售数据、市场发展历史、经济预测及其所在行业和当地工厂的相关信息，还准备了一个非常漂亮的报告，希望说服销售副总裁帮助他一起推翻这一决定。

克劳德则采取了完全不同的策略。他立即翻出自己的简历进行了更新，还寻求了一位招聘主管的帮助，重新审视了自己的职业现状，并在对方的帮助下制定了一条新的发展路径。几周内，克劳德预约了几个制造厂的面试。他致力于提升自己的面试技巧，研究要去面试的公司，并在一个月内收到了几封录用函。

尽管马里奥勇敢地向地区副总裁介绍了工厂的优点，但一切都是徒劳。这个决定是总部做出的，根本没有回头路。他感到沮丧，情绪极为低落；而另一边，克劳德正在为新的开始做准备，对未来的挑战越来越兴奋。

对同一种情况不可能有两种不同的反应。马里奥和克劳德听到这件事的第一反应都是震惊。当天晚上，他们都失眠了，但当早晨来临时，他们将能量分配到两个完全不同的方向：马里奥深信自己能拯救公司，对他而言，这份工作就是一切。他集中精力地做好一切试图改变公司的重大决策；克劳德则对当前的形势有着不同解读，他看到了这是一个不可逆转的决定，所以他的目标是继续前进，找到让他能够实现自我并且保证自己经济自由的选择。

坚韧性–掌控力还意味着能解读情境，明白什么可控并采取适当的行动，而非盲目追逐梦想。一旦有了可行的计划，坚韧性–掌控力高的人会尽自己所能去实现目标。他们知道哪些操纵杆可以拉动，哪些遥不可及。当一个操纵杆卡住时，他们会找到另一个能开门的操纵杆。

在接下来的章节中，我们会介绍与坚韧性相关的专题内容。我们建议你继续阅读这些章节，即使你不是专业运动员，或者也不需要在别人面前表演，你也会发现这里有很多值得探索的经验和教训。这些是我们从那些高水平运动员、成功的艺人或优秀的商业领袖身上借鉴到的，希望对你自己和你身边的人有所帮助。

第8章

坚韧性对于保护健康和促进绩效的作用

“当我站在赛场上，整个世界仿佛就只有我一个人，无论是家庭还是学校的问题，哪怕是父亲的遇害等，任何事情都影响不了我，所有的压力都在一上场的瞬间消失了。”

——科怀·伦纳德，2019年NBA总冠军多伦多猛龙队最具价值球员

“坚韧性”这一概念最早在20世纪70年代末提出，那个时候人们刚开始意识到：压力会导致身体产生疾病。但奇怪的现象是，不同的人们在面对同样的压力情境时，反应却是不同的。芝加哥大学的研究人员发现：长时间处于压力状态下，有些人会生病，而有些人能保持身体健康。为什么会有这种差别呢？在探索这个问题的过程中，研究人员发现了组成坚韧性的三个要素：承诺力、掌控力和挑战力。研究表明，具备这些素质的企业高管人员，在高强度压力情境下依旧能够保持健康，而那些不具备这些素质的高管则容易出现各种各样的健康问题。

如果说坚韧性有助于人们在压力下保持健康，那么坚韧性是否也可以为我们带来更好的绩效表现呢？最早开始探索这个问题答案的是芝加哥大学的研究人员（这也是芝加哥大学最早开始研究的课题之一）。研究人员选取了高中篮球队的一组队员作为研究对象，他们发现球员在整个赛季的表现与他们的坚韧性相关。之后的许多研究也相继证实了卓越表现与坚韧性之间的关系。以下便是一些相关的研究实例：

- 西点军校的本科生在毕业后，上级对其评定的军事能力和领导力表现与其在校时依据坚韧性推测的结果一致。
- 在美国陆军特种部队为期六周的严酷的选拔考试中，通过选拔、顺利毕业的候选人所表现出的坚韧性明显高于落选的候选人。
- 在游泳竞技比赛中，高坚韧性的运动员所感受到的赛前焦虑明显低于普通的运动员，他们拥有更多的自信，并会以更积极的心态面对焦虑反应。

那么，坚韧性是如何帮助我们在压力下提升绩效及改善我们的健康状况的呢？要回答这个问题，我们需要深入研究身体的反应机制在压力情境下是如何运作的。

坚韧性应激反应：评估情境

在第1章中，我们讨论过“战斗或逃跑”的应激反应，即身体系统的各个器官在面对危险时会做出以下反应：人体的自主神经系统活动会加强，从而快速释放皮质醇和肾上腺素等应激激素（这一系列反应你是可以感觉得到的）。举例来说，当你驾驶机动车在高速公路上行驶时，一只鹿突然蹿到车的前面。在你还没有意识到发生了什么的时候，你就开始心跳加速，肌肉绷紧，并且（但愿如此）你的脚已经踩在了刹车踏板上。

当人们面对危险状况时，应激反应会让机体快速适应紧张的环境。但是，如果应激反应持续时间过长，则会对身体健康造成损害。在这种情况下，副交感神经就会“跳出来”工作，抑制交感神经持续的兴奋活动，让身体内环境恢复到平衡稳定的状态，或者说是稳态。

应激反应的第一步是对所处环境做出评估，而具有坚韧性会让我们对于所处环境的评估结果大有不同。这个评估过程主要发生在大脑的最前部，被称为前额叶皮层的区域。心理学家称这个区域为大脑功能的控制区域，它负责控制大脑的活动，包括判断现状、评估威胁、选择应对方案，以及基于当时情境、过往经验及自身拥有的技能和能力，决定如何反应。

正如我们所知道的那样，一个人对压力情境的评估会影响他的应激反应，同时得到了证实：个体的坚韧性水平会影响其对压力状况的评估。（而个体的坚韧性水平能影响其对压力状况的评估也已得到证实）。高坚韧性的人往往对于压力环境会做出更积极的评估（倾向于更积极地评估压力状况），并能识别危险或挑战，同时，他们认为自己具备能力和技能，可以有效地应对压力情境。而低坚韧性的人对压力状况会做出相对消极的评估：在有效应对生活中的挑战方面，他们显得信心不足。由于以上的差异，导致高坚韧性和低坚韧性的人在面对压力情境时会产生不同的应激反应。

所以，当面对压力情境时，坚韧性水平低的人往往会认为大多数情况是困难和危险的，这样就会触发应激反应。反之，坚韧性水平高的人则会认为在很多时候，情况并没有那么危险，压力也没有那么大，因而就不会有太大的应激反应。图8.1显示了这种差异。上面的实线代表坚韧性水平低的人的反应模式；下面的虚线代表坚韧性水平高的人的应激反应模式。

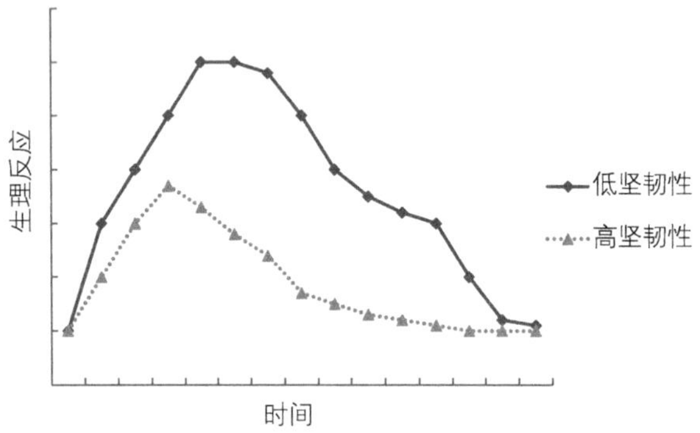

图 8.1　面对相同的情境，低坚韧性的人和高坚韧性的人的生理反应

面对压力，低坚韧性的人会产生强烈的应激反应，迅速出现诸如心跳加快等生理反应，随后会缓慢地回归到正常值。但高坚韧性的人通常不会出现特别强烈的应激反应，并且能较快地回归到正常值。这反映出高坚韧性的人对于形势的认知和评估更加乐观，持更积极的态度，并且，他们相信自己具备必要的技能，可以成功应对所处的困境。

让我们一起看下低坚韧性的人的例子。主人公名叫哈利。一天早上，哈利要去公司参加一个重要会议。在他上班的路上，发生了一起事故，导致严重的交通堵塞。当他意识到由于交通堵塞，一时间无法缓解，他会因此迟到，赶不上开会。当他联想到那些指望着他做汇报展示的同事，由于无法向部门经理提交季度报告的关键数据而感到失望时，他骤然感到压力倍增。他担心，这可能成为自己工作记录中的污点，因为这件事老板会认为他不靠谱，甚至有可能断送掉他晋升的机会。当他想到这一连串的反应，他感到不知所措。他尝试更换了几条路线，企图避开交通堵塞，但所有的努力都宣告徒劳。最后，他只好打电话给办公室同事解释情况。然而同事都去开会了，无奈之下，他只好语音留言。最终，他赶到了办公室，同事告诉他“并没有什么大不了的”，而他花了大半个上午才让自己紧张的心情平复下来。

再来看下比尔，他遇到了和哈利一样的情况。当他意识到交通事故将导致自己上班迟到甚至可能错过重要会议时，比尔在一开始也产生了应激反应。不同于哈利的是，比尔很快就想到应对的方法，可以让同事代为介绍报告中的要点，他随后再跟进具体细节。于是，他给团队的一名成员打电话请求协助。对方同意代他完成简报中他所负责报告的要点部分。在赶往公司的路途中，比尔还思考了当日下午要发给经理的报告邮件：对于报告中的内容进行了最后的修改和完善。

从上面的两个例子，我们可以看到，哈利和比尔对压力情境的评估完全不同。虽然两个人都在一开始感受到压力，但是明显哈利感受到的压力更大，持续时间也更长。他看不到更好的解决方案，对于以积极的方式解决问题这一点，他完全没有信心。他处于失控的状态，而伴随着的是他的生理性应激反应强烈且持久。

同样的情况下，比尔也感觉到了压力。不同于哈利的是，比尔对找到解决办法很有信心，于是他迅速开始思考并做出选择。因此，他的生理性应激反应相对温和而短暂。比尔通过给办公室打电话、和同事商议备选计划等，从而有效地掌控了事情的进展。所以，在压力事件发生的一开始，对于情境或问题的认知评估，将影响着压力反应的程度和持续时间。

坚韧性应激反应：对压力做出反应

当我们对情境做出压力情境的评估——感受到危险或威胁时，前额叶皮层（大脑执行功能的一部分）就会向（大脑的）边缘系统发出信号。边缘系统包括杏仁脑和下丘脑，是大脑的深层结构，它们控制着情绪，并且可以调节人体的一系列功能。下丘脑大约有花生米那么大，相当于控制身体荷尔蒙的总开关。当下丘脑从前额叶皮层收到警报时，它就向附近的脑垂体发出信号。

脑垂体反过来向肾上腺发出信息，肾上腺是两个像意大利饺子大小的小腺体，位于肾脏上方。肾上腺产生激素，称为糖皮质激素，其作用是调动体内的能量资源。同时，交感神经系统刺激肾上腺素和去甲肾上腺素分泌额外的激素。这些激素会让你心跳加快、血压升高，同时将更多氧气输送到大脑和肌肉，让身体准备好快速行动。

所有这一系列过程在短短几秒内完成。短时间的应激反应对于人类生存而言是有益的，但如果应激反应持续太久，会对身体其他部位造成损害。例如，过多的糖皮质激素会干扰胰岛素和葡萄糖代谢，增加体内脂肪，导致糖尿病和冠心病。所以，我们有必要让应激反应停下来。

这就是副交感神经系统的主要工作，它对整个应激反应过程起到刹车作用。当副交感神经系统和交感神经系统和谐工作时，我们称为自主平衡[1]。拥有高坚韧性意味着你在处理压力时更善于保持和恢复自主平衡。

积极地适应压力

多项研究证据表明，在压力情境下，高坚韧性的人能够更快地适应压力，也能更快速地从压力中恢复。以约翰霍普金斯大学（Johns Hopkins University）的一项实验研究为例：研究人员将一组执行多任务的士兵作为样

1 生理心理学术语，也称“自动平衡”，1966 年由美国学者温格尔等人提出，用于描述自主神经系统的机能。人类的交感神经活动和副交感神经活动通常一起工作，并处于颉颃状态，以维持身体各种功能的平衡。——译者注

本，通过测量其心率来评估他们在不断变化且逐渐加大的压力情境下的应激反应。

通过测量心率，研究人员发现，高坚韧性的士兵能更快地从应激状态中恢复，表明他们的副交感神经系统和交感神经系统之间能更协调地工作。换言之，一旦挑战任务结束，坚韧性高的受试者更善于踩下刹车，及时停止应激反应。

另一项以挪威警官培训生为样本的有趣研究显示，坚韧性体现出与上一个例子相近的积极作用。在该项研究中，研究人员将警校的84名警官置身于高度逼真的模拟的射击现场，与主动发起进攻的射手进行对抗。当时是一个学校的场景，警官与一名伪装的枪手对质。参与测试的警官需要在不伤及无辜的情况下，面对危机做出恰当的反应。研究人员使用标准心率变异性指标来测量警官的压力反应。

结果表明，副交感神经系统压力后的恢复速度与个体的坚韧性水平有关：坚韧性高的人，他们的副交感神经系统在压力消失后能更快的恢复，且身体的适应能力更强。这项研究还有一个有趣的发现，坚韧性高的警官一开始的应激反应较其他普通的警官更为强烈，这表明在面对危险情况时，坚韧性高的警官能够更加地投入和专注，并保持足够的警觉性。

研究人员认为：这个研究成果对于警务人员来说是个福音，因为他们经常需要应对未知状况。在危急的压力面前，强烈的早期应激反应与坚韧性有关，并且一旦情况得到解决，应激反应的恢复也更快。坚韧性高的警官对于危险情境更加警觉，反应更为迅速。而一旦压力消失，他们也能更快地恢复平静的状态。

另一项有趣的研究则来自宾夕法尼亚大学，研究人员对健康大学生的坚韧性、心理功能和应激激素的基础水平进行了调研。研究结果表明，基线水平高的应激激素皮质醇和β-内啡肽与较高的坚韧性、自尊和情绪稳定性有关。因此，即使不是在压力情境下，坚韧性高的人也比普通人拥有更高的应激激素激活水平。在更高的激活水平下，他们可以迅速提升意识和觉察，以便出现压力情境时，迅速的做出反应。

图8.2显示的是以挪威警方研究中的模拟射击现场为例，在面临严重压力的情况下，坚韧性高和坚韧性低的人群的不同反应。

在图8.2中，你会留意到不同坚韧性的人在面对压力时不同的生理反应。遇到压力时，坚韧性高的人（虚线所示）生理反应来得更快，在问题解决后也会更快地恢复到基准线水平。坚韧性低的人（实线所示）生理反应来得也很快，但在危险过后需要较长的时间来平复应激反应。此外，即使没有压力源，坚韧性高的人也会处于较高的应激激素激活水平。

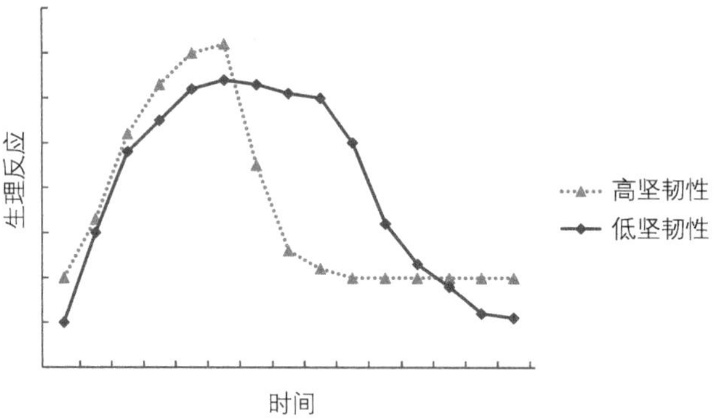

图 8.2　急性应激状态下的生理反应模式

迄今为止，所有的研究证据均能支持图8.1和图8.2所示的压力反应模式。概括而言，应激反应流程的第一步是对应激事件的认知和评估。坚韧性高的人不会把事情看得过于困难，从而他们的应激反应会逐渐减弱；而相同情境下，坚韧性低的人将同样的情况视为非常艰难的压力事件，从而导致持续的应激反应（图8.1）。同时，坚韧性高的人一开始对压力事件的反应更为强烈。但是不论遇到什么样的压力源，坚韧性高的人都能更快地从应激反应中恢复，回归生理平衡或内环境平衡的基准线水平（图8.2）。

压力与心脏健康：坚韧性的作用

如前所述，长期过度压力反应会导致各种健康问题，其中最严重的是心血管疾病。心血管疾病是世界上最主要的致死原因，仅2016年，因心血管疾病而死亡的人数就接近1 800万，约占死亡人口总数的31%（世界卫生组织，2017年）。心脏病和中风是造成人类死亡的最大杀手。许多因素都会增加心血管疾病的患病风险，包括肥胖、饮食、缺乏运动、健康习惯和血液中的胆固醇水平，而压力是导致心血管疾病的主要因素。

更糟糕的是，压力与许多“前兆”的生理和激素变化有关，包括血糖升高和胰岛素水平降低及高血压和血脂升高，这些变化可导致心脏病、糖尿病和中风，进而发展成严重的疾病状态。

虽然我们已经清楚地认识到压力和疾病之间的联系，但是每个人对压力的反应各不相同——并不是每个人都会因为压力而生病。A型性格模式的人似乎更容易患上那些与压力相关的疾病。A型性格的人的特点是急躁、争强好胜、时间紧迫感强和有攻击性。

许多研究发现，A型人患冠心病的风险较高。然而，这种影响也不是普遍现象，有些A型性格模式突出的人似乎没有出现这些病症。这表明其他因素，比如坚韧性，能减轻应激源对人心血管造成的不良影响。

为了研究职业压力、A型性格模式及坚韧性对心血管疾病的影响，西安大略大学的研究人员对278名管理者进行了为期两年的跟踪。他们根据工作中的角色不确定性来衡量这些管理者的压力。正如预期的那样，在面对不确定情况时，A型管理者表现出与胆固醇相关的总胆固醇、甘油三酯和血压等诱发心血管疾病的危险因素大量增加。研究人员同时发现，A型管理者的坚韧性与压力之间相互作用，坚韧性对于压力起到调节或缓冲的作用。低坚韧性的管理者，他们的血压和甘油三酯等与压力相关的风险因素增幅最大，而高坚韧性的管理者，这些风险因素的增幅为零或很小。因此，低坚韧性的管理者最容易受到工作压力的影响，而高坚韧性的管理者在一定程度上可免受压力的影响。

这个研究结果再次验证了高坚韧性的人在面对压力时，他们的生理和激素水平的反应度比低坚韧性的人要低，而低坚韧性的人在面对压力时通常容易表现出极端反应。这与我们前面图8.1中看到的模式相同。

路特大学的理查德·康特拉达也做了类似的研究。他做了一个实验来评估在压力情况下，坚韧性和A型性格对心血管反应潜在的调节作用。这个实验是让受试者执行镜像追踪任务。这个任务要求受试者只能从镜子里看到图像，然后精准地画出来他们所看到的图像，几乎所有人都认为完成这个任务很困难、有压力。实验结果显示，A型人在应急状态下，血管收缩压和舒张压升高。研究还发现，高坚韧性的人血压没有明显变化。在所有的血压反应测试中，低A型（B型）受试者的血压变化最小。

随后，康特拉达又进一步对坚韧性的三要素：承诺力、掌控力和挑战力进行了研究。研究发现，挑战力这一要素是导致高坚韧性的受试者血压变化小的主要原因。这些结果进一步证实了坚韧性对于缓解人对压力的生理反应有直接效果。

近期，保罗（本书作者之一）在国防大学主导了一项关于坚韧性与心血管疾病风险的相关研究。研究人员采集了国防大学里中年男女学生的大批量样本（338个受试者），观察了他们的坚韧性和一些心血管健康的指标。在限定了受试者的年龄和性别后，研究结果表明，在同年龄、同性别的人们中，坚韧性高的人的身体中，体脂率和胆固醇都相对较低，而高密度脂蛋白相对较高。高密度脂蛋白也被称为“好的胆固醇”，因为它有助于清除动脉中的脂肪沉积。

人对压力事件的反应活动主要发生在大脑的前额叶皮层。为了了解高坚韧性人群和低坚韧性人群在压力下大脑的反应，研究人员对这两类人前额叶皮层的活动进行了评估，从而可以了解到坚韧性对胆固醇水平的影响。在前额叶皮层脑区域与边缘系统（包括杏仁核和下丘脑）之间有大量的神经链接。当面对新的情况和挑战时，高坚韧性的人往往做出积极的评估：他们预期会成功地应对挑战，并取得好的结果。由于评估是积极正向的，大脑的执行中枢（前额叶皮层）不会向下丘脑发送激活信息，从而不会引发全面的应激反应。

与之相反，坚韧性近乎为零的人由于对现状做出悲观的或具有威胁性的评估，让他们更快地失去对行动的控制，进入触发全面的应激反应。这也意味着他们的应激反应持续时间更长，交感神经系统在没有任何（副交感神经系统）“刹车”措施的情况下加速前进。

交感神经系统（加速引擎）和副交感神经系统（制动）之间失衡会导致包括心血管疾病在内的各种健康问题。尽管科学家尚在对导致患病的途径进行细节探究，但最近的神经科学研究已经证实，血液中的胆固醇水平在一定程度上是由大脑和与应激反应相关的激素控制的。

压力与免疫系统

众所周知，压力还会导致免疫系统功能出现各种问题，从而引发一系列健康隐患。坚韧性是否对免疫系统的健康起到作用呢？迄今为止，所有的证据都表明答案是肯定的。例如，得克萨斯大学奥斯汀分校开展了一项关于坚韧性和免疫系统功能的研究，研究人员从高坚韧性和低坚韧性受试者的血液样本中，提取了几种标准的免疫系统标记物。研究人员将血液暴露在几种细菌和真菌疾病的病原体下，包括葡萄球菌、结核病和白色念珠菌等。等待一段时间之后，他们测量了细胞的免疫反应。结果表明，高坚韧性人群中提取的血液样本具有较强的免疫反应（T淋巴细胞和B淋巴细胞增殖）。血液中的这些细胞能够追踪并杀死引起感染的细菌和病毒。

坚韧性也能对艾滋病患者的免疫系统起到作用。印度赖布尔的研究人员对200名HIV阳性患者的坚韧性、社会支持和免疫功能进行了观察，他们发现坚韧性对免疫系统功能的改善有实质性的影响，这一点从T淋巴细胞计数可以看到。尽管处于患病状态，高坚韧性的HIV患者相比低坚韧性患者，他们的免疫系统功能发挥了更强大的作用。

该领域的另一项研究也颇值一提。研究人员对一组处于高度紧张训练中的挪威海军学员进行了调研，他们测量了学员的坚韧性和一些基本的免疫系统标志物，包括促炎和抗炎细胞因子和神经肽–Y。这些细胞因子是血液中的蛋白质，有助于保持免疫系统的正常运转，并有助于修复伤口和感染。神经肽–Y是大脑和神经系统中的一种氨基酸，与抗压能力有关。

由于整个学员群体都有很高的坚韧性，研究人员将样本进一步分为平衡的坚韧性和不平衡的坚韧性两组。平衡的坚韧性指的是在坚韧性的三要素（承诺力、掌控力和挑战力）上的得分高低都是一致的；也就是说，要么在三个方面得分都高，要么在三个方面得分都低，要么都是中等。不平衡的坚韧性指的是承诺和掌控得分高，但挑战的得分低。在这样的条件限定下，可以看到，不平衡坚韧性组的学员坚韧性虽然很高，但普遍的表现有点僵化，缺乏坚韧性–挑战力因素所具有的灵活性。

正如研究人员的预料，不平衡坚韧性组人群的免疫系统不太健康：神经肽-Y和促炎性细胞因子水平较低。这项研究强调了坚韧性对于维持健康的免疫系统的价值，并指出了坚韧性的三要素对于坚韧性本身的重要性。在第9章中，我们会对坚韧性的内涵进行更多的剖析。

让坚韧性为你服务

那么，了解了这些对你意味着什么呢？简单地说：如果你具有高坚韧性，你的警觉性和投入度会比低坚韧性的人高。这表明：当你面对陌生的情境或感觉受到威胁时，你不太容易感到慌张。你能很快对周边情况做出判断，并且相信自己有足够的知识和资源来应对它。你的身体感受到的是正常的应激反应，而并非剧烈的应激反应，应激反应的持续时间也相对短暂。

另外，如果你缺乏坚韧性，或许你很难分辨出哪个才是真正有威胁的、哪个是你能轻松应对的情形。面对新的挑战，你对自己没有信心。面对压力时，你的身体会进入完全的应激反应，经过一段时间之后，你才能意识到情况并没有那么糟糕，或者你是可以解决它们的。

那么，问题来了：当大麻烦或灾难降临的时候，你该怎么做？当真正的压力源出现在你面前，你将如何应对？凡事皆有可能，比如你遭遇了毫无征兆的失业，或者你家的房子不幸被风暴摧毁等。无论你的坚韧性水平高还是低，在不幸降临的那一刻，你都可能产生强烈的应激反应：荷尔蒙激增，心跳加快，血压升高。当面对完全陌生的情况时，你可能会因为压力而食不下咽。

随着时间的推移、问题得以逐渐解决，你的身体会慢慢恢复正常。遗憾的是，如果你缺乏坚韧性，在直接压力源消失以后，你身体的应激反应还会持续较长时间。诚然，身体会对压力产生的应激反应，是为了帮助我们适应陌生的情境及应对危险。但是应激反应如果持续时间过长，就会对身体造成损害。所以，当危机结束时，我们需要启动副交感神经系统，及时叫停应激反应。

有几种方法可以刺激副交感神经系统，帮助减少应激反应。经过验证，深呼吸便是一种最为简单且行之有效的方法。通过长时间的深呼吸，你就在向副交感神经系统发送一个信息：压力已经过去，是时候减慢速度了。

经实践证明，冥想及正念、瑜伽和太极拳等类似的活动，也能刺激副交感神经系统，进而减少应激反应。另一种有效的方法是保持良好的夜间睡眠，可以让我们的副交感神经系统保持正常运转，避免压力导致的健康问题。

以上这些是短期的解决方案，可以帮助你减少应激反应，并使神经系统保持良好的平衡。但从长远来看，提高坚韧性无疑是最好的解决之道，即全面提高坚韧性之承诺力、掌控力、挑战力三要素。较高的坚韧性水平不仅可以让你在应对压力时有更好的表现，而且有助于保持身体健康。在接下来的章节中，我们将为你介绍一些提高坚韧性的方法。

第9章

工作中的坚韧性

“生活中最大的秘密就是压根没有秘密。无论你为自己设定什么目标，只要你愿意为之奋斗，就一定能够实现。”

——奥普拉·温弗瑞，美国脱口秀主持人，媒体人

你现在的工作的压力大吗？你是否想过其他工作会面临怎样的压力吗？你认为哪些工作的压力是最大的？你是否想过公交车司机可能是压力最大的职业之一呢？在本章中，我们将就工作中的压力进行讨论。如果你想了解坚韧性是如何在工作中发挥效力的，哪些工具可以帮助你更好地应对压力、改善工作环境；或者你想改善自己的坚韧性，以便更好地适应工作；又或者你渴望寻找一份更适合你当下坚韧性的工作，这一章就可以帮助你规划路径。

驾驶公交车可不同于在公园散步

公交车司机的工作压力是很大的，事实上，这可能是压力最大的工作之一。虽然公交车司机有着体面的报酬、良好的家庭医疗福利和养老金，但是，他们付出的代价却是巨大的。对此，加利福尼亚州奥克兰市当地192号联合运输联盟主席克里斯蒂娜·佐克女士进行了以下描述。

佐克曾是北加州某城市的一名公交车司机。她是这样描述自己的工作的：每天，她驾驶着一个20吨重的大家伙在交通拥堵、坑坑洼洼的街道上艰难地行进。街道上，到处是乱穿马路的行人、骑自行车的邮差、随意停放的卡车及漫不经心、大大咧咧的司机。在这样拥挤不堪的城市中驾驶公交车，让她感到负担沉重。多年来，这份工作给她的身体和精神带来的压力越来越大，她经常会感到肌肉紧绷，有时甚至因为压力过大而失声痛哭。根据佐克的说法，很多公交车司机因为巨大的工作压力而英年早逝。

50多年来，各个国家都在研究公交车司机这项职业对人体健康产生的影响。《职业健康心理学杂志》的一项研究发现，城市公交车司机患心血管疾病的概率高于平均水平。研究报告称：“来自几个不同国家的流行病学样本数据一致表明，城市公交车司机是最不健康的职业群体之一，他们患心血管、胃肠道和肌肉骨骼等疾病的概率尤其高。”“此外，心血管疾病的死亡率与司机的工作年限直接相关。”

研究发现，公交车司机容易患高血压，他们体内压力荷尔蒙的增加，容易引发心脏和血管疾病甚至死亡。此外，公交车司机长期处在机器振动、柴油机尾气和噪声的环境中。同时，他们还要保持注意力集中，防范发脾气歇斯底里的乘客、开快车的司机等可能带来的安全风险。除此之外，公交车司机必须严格遵守时间表：确保公交车按时到站，否则就会有受处分或被解雇的风险。

一项对蒙特利尔的公交运营的研究显示，与普通职业的人相比，公交车司机患创伤后应激障碍的风险更大。公交车司机要时刻准备着对乘客露出礼貌的微笑，要快速记下并回答乘客询问的交通问题，还要为骑行者和残疾人等提供必要的帮助。

被多重要求压垮

公交司机还肩负着多重要求：主管领导要求他们要准时上班，严格遵守时间表，然而他们又无法控制交通和天气状况；他们处于等级分明的工作环境，公交车司机们几乎没有自主权，无法决定开展工作的方式；同时，不管乘客提出多么不合理的要求，他们都必须妥善处理，并且必须面带微笑地为乘客提供服务。

早在20世纪80年代末，正是对公交车司机的研究，引领我（保罗，本书作者之一）进入了坚韧性的探究领域。当时，越来越多的研究着眼于白领工作者的工作压力，如办公室职员、空中交通管制员、飞行员、牙医、工程师和科学家等，研究的职业范围越来越广，然而，当时还没有人关注公交车司机等蓝领工作者所面临的工作压力。在对公交车司机压力的研究中，研究人员发现：事实上，许多蓝领工作者比白领工作者的压力更大。

例如，有报道称，与郊区公交车司机相比，在伦敦市中心工作的公交车司机患冠心病的概率更大。针对公交车司机的研究还表明，在市中心工作的公交车司机的缺勤率、流失率、患致残性疾病的概率、工伤率及健康福利索赔率等都很高。导致这些情况的原因可能有很多，但普遍认为压力是主要原因之一。研究人员将公交车司机的大部分压力归结为时间要求、城市噪声、交通拥堵、设备振动、空气污染、对工作条件缺乏主导权，以及公交车司机与其同事间的社会孤立感。

当时，我还发现了一个有趣的现象，那就是并非所有的公交车司机对压力的反应都是消极的。正如我们在许多其他职业群体中看到的那样，压力和疾病之间并非简单的因果关系。就像其他职业一样，不同的公交车司机对于压力的反应也是不同的。直到今天，有个问题我一直都很感兴趣：究竟是什么因素致使有的人面对压力时感受到的是负面影响，而有的人面对压力却能不受其扰、安然处之？通过找到这个问题的答案，我实际想解决的问题是：对于同样处于高强度压力下工作的公交车司机，为什么有些人因为不堪压力而生病，有些人则能够保持身体健康？造成这两者差异的因素有哪些？只有弄明白这一点，才能有助于我们制订有效的计划，减少压力对我们的负面影响。这是我过去30年来一直在研究的课题。研究出的理论成果将广泛应用于其他的高压力职业。

由于我对公交车司机这个职业有过一些亲身经历，所以研究这一职业群体对我来说显得顺理成章。我在芝加哥大学读研究生的时候，曾经在芝加哥交通管理局做过一段时间的公交车司机。因此，我对这种压力有过亲身感受。同时，我观察到一个现象：在压力环境下，很多公交车司机同行看上去很焦虑和疲惫，而另一些同行显得情绪高涨，好像他们挺适应这样的工作压力。面临同样的工作要求和压力源，为何他们的反应会如此不同？我很想找到其中的答案。

起先，芝加哥交通管理局拒绝了我希望调研公交车司机的请求；被拒绝后，我便转向公交车司机工会，即当地的联合交通工会241求助。我向工会主席埃尔科西·格雷沙姆简要介绍了这项研究，他立即表示支持。

作为曾经的一名公交车司机，格雷沙姆先生也经历过同样的工作压力。他向我袒露道，在他做公交车司机的时候，发生过一起事故：有个行人在暴风雪中滑倒在他的车后轮下面，不幸身亡。这起事故让他彻底离开了方向盘，而后，他将毕生致力于为公交车司机改善工作条件。

公交车司机的压力：为什么有些人在压力下能保持健康，而另一些人患上疾病

这项研究是针对798名在职公交车司机做的评估。我们调研了这些公交车司机的相关信息，包括：工作压力、生活中经历的各种压力事件、应对方法、当前的健康状况、精神症状、健康生活习惯、所拥有的社会支持，以及他们目前的坚韧性水平。

根据收集到的所有信息，我们把798名公交车司机按照以下分类方法分成了两组。第一组的公交车司机工作压力很大，并且饱受各种疾病折磨或出现了不健康的身体症状；第二组的公交车司机经历着同样的工作压力，但他们几乎没有人患病或出现不健康的身体症状。研究目的是要找出哪些因素导致这两组公交车司机健康水平的差异。为此，我们又进行了一些复杂的统计分析。结果发现以下的三个因素导致了这两组的差异：

- 退行性应对行为。健康一组的公交车司机的退行性应对行为程度低。他们倾向于直面压力，寻求解决问题的方法，而不是回避压力。
- 体质健康。这一点毫无争议，指的是那些有着良好健康史及家庭成员都很健康的人们。家庭成员健康状况不佳的公交车司机患上与压力相关疾病的风险更大。
- 坚韧性。坚韧性中最为重要的因素是承诺，其次是掌控。身体健康的司机和患病司机在挑战力这一要素上并没有什么差别。

研究发现，一个人对工作、对自己或对他人的承诺，即坚韧性—承诺，是让人减少压力负面影响的主要因素。如果公交车司机认为自己正在做的事情很重要并且有意义，那么他就能最大限度地抵御压力对身体的破坏作用。在接受采访时，这一类公交车司机谈到自己的工作时都很自豪。在他们看来，能把乘客安全地运送到目的地是非常有意义且有价值的。而那些把驾驶公交车仅当成一份职业的司机，他们更容易感受到压力的折磨。

在研究中，我们还发现，对于公交车司机的健康来说，“挑战力”不如“承诺力”要素所起的作用大。而对于那些非常规性的职业，如广告或销售等，要求人们在工作中做出更多创新并做出有一定风险的选择，“挑战”因素则对这一类职业的人更具价值。而对于工作中可以自主安排日程、活动、定义工作性质的人来说，“掌控”因素可能更为重要。因此，那些高度计划性或常规性的工作，更适合内在掌控水平较低的人。研究发现，海上石油钻井平台工人就属于这种情况。这项工作的重复性很强，并且不允许偏离常规。

如果一个人在极端的环境中工作，他可能无法影响事情的进展，在这样的工作环境下，他可能很难对工作有足够的承诺，或者说他缺乏承诺的表达意愿，对于这样的一份工作，掌控力可能是必不可少的。在这种情况下，人们需要调整自己的心态去匹配工作要求。这样的例子在很多工作中比比皆是，如快餐店员工、咖啡师或清洁工。

家庭支持经常被视为缓解压力的良药，而在巴顿的研究中，研究人员发现，家庭支持并不是一个重要的保护因素。原因之一可能来自家庭成员的支持有时会鼓励退缩或躲避工作中的压力。而另一方面，来自同事的支持的确是减少工作压力负面影响的积极因素。如果同事能支持你面对和处理工作中的压力，那么他们对你制定积极的应对策略会更有帮助。

坚韧性会影响职业选择吗

我们收集了全球上千万的坚韧性数据。在本章节中，我们会挑选一些我们感兴趣的职业，看看不同职业群体的坚韧性有何不同。图9.1显示了不同职业之间的坚韧性差异。

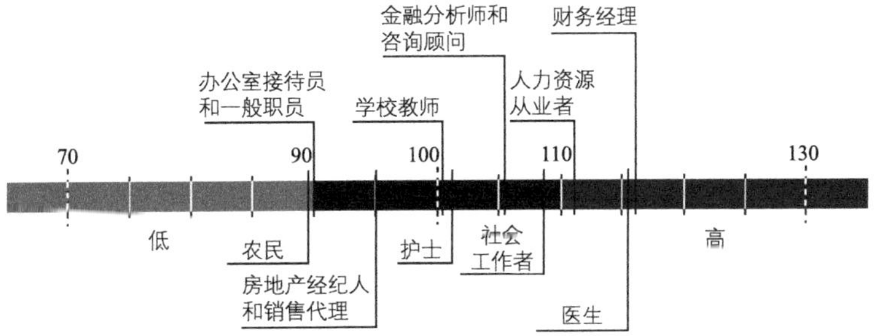

图 9.1 不同职业之间的坚韧性差异（多维健康系统公司授权采用，2019）

农民的坚韧性

掌控：低

承诺：较低

挑战：较低

坚韧性得分最低的一个职业群体是农民。虽然农民的工作主要是面临体力上的挑战，但他们在很大程度上也受各种因素的制约。比如，他们无法掌控天气，而天气决定了他们能否有一个好收成；另外，他们几乎无法控制农作物的市场价格，而且常常不得不接受市场定价。同时，他们所做的工作大多时候都是重复性、常规性的工作，很少有需要创造力或应对挑战的机会。

办公室接待员和一般职员的坚韧性

掌控：低

承诺：较低

挑战：较低

办公室接待员和一般职员经常需要响应其他人的需求乃至命令，而且这类工作也很少遇到挑战或有创新的机会。企业通常很少给这些一线员工进行工作目标和承诺度的灌输。因此，他们表现出的坚韧性水平比较低。

房地产经纪人和销售代理的坚韧性

掌控：较低

承诺：较低

挑战：较低

房地产经纪人和销售代理的平均坚韧性较低。出售房产无疑是个非常有挑战性的工作，而且，你还要依赖买卖双方——这种情况下，有可能由于买卖双方的临时起念、心血来潮，导致你无法达成交易。作为卖家，总想卖到更高的价钱，而买家总想尽量少花钱。从始至终，在少则几小时、多则几天的报价、还价、来来回回的拉锯式谈判中，你都必须小心谨慎，保持冷静和耐心。

学校教师的坚韧性

掌控：较低

承诺：较高

挑战：较高

护士的坚韧性

掌控：较高

承诺：较高

挑战：较高

学校教师和护士都是容易产生职业倦怠和流失率较高的职业，他们的坚韧性得分处于平均值。无论是学校教师，还是护士，都需要应对多方的不同要求，而且有的要求很苛刻。教师必须整天和学生一起工作，与家长打交道，并遵守校长和校务委员会监控下的学校规则。护士需要应对难缠的病人，有时还要处理医生临时突发的要求，并要遵循医院的条条框框、各种规程和医疗协议。

金融分析师和咨询顾问的坚韧性

掌控：平均值

承诺：平均值

挑战：较高

金融分析师和咨询顾问的整体坚韧性居于平均值。然而，他们坚韧性的构成模式很有趣，即他们的掌控和承诺得分一般，而挑战方面的得分很高。这一群体所处的环境是，他们对于诸如市场或客户在交易中的选择方面没有太大的控制力，而且由于工作上的一些限制，他们在生活中可能没有很明确的目的感。他们的工作本质更倾向于交易，好像他们就是为了下一次的股票交易或新客户的收购而奔忙。他们密切关注市场，重点关注短期收益，只是在某些情况下，会关注长期收益。当股市下跌，普通人恐慌逃离的时候，许多金融分析师视其为挑战机会及买入的时机。

社会工作者和人力资源从业者的坚韧性

掌控：偏高

承诺：偏高

挑战：偏高

社会工作者和人力资源从业者的坚韧性得分较高。这两种职业群体的人员都要与遇到各种麻烦的人打交道。社会工作者经常为生活中遇到挑战的人提供咨询，而人力资源从业者则为工作中遇到困难的人提供帮助。这两个群体往往在工作中拥有足够的自主权，他们能够在工作中发现挑战的机会、感受到工作的意义；加上由于工作基本相对独立，他们对工作方式有比较大的掌控权。

医生的坚韧性

掌控：高

承诺：高

挑战：高

财务经理的坚韧性

掌控：高

承诺：高

挑战：高

数据显示医生和财务经理是坚韧性得分最高的职业群体。这两个职业群体，对于挽救他人的生命或管理好他人的财产负有重大责任；同时，他们对于工作也拥有高度的自主权。通常，他们不仅负责自己的工作，也负责团队的工作。他们对于开展工作的方式有很大的掌控权。他们的承诺度也很高，因为拯救生命或管理好财产，都是非常有意义的工作。此外，医生和财务经理的工作也有很大的挑战性和灵活性，他们经常可以自主决定如何完成工作。

尽管展示了这些职业人群的坚韧性，有必要强调的是，文中所列的坚韧性水平只是各个职业群体的平均值。在每个群体中，无论是农民还是医护人员，都存在个体差异。虽然农民的职业群体的坚韧性平均水平低，但是也有一些农民的坚韧性很高；虽然医生的职业群体的坚韧性平均水平高，但是也有一些医生的坚韧性很低。总之，不管从事什么样的工作，你都可以具有高坚韧性，展示高水平的挑战、掌控和承诺。然而，如果你自身的坚韧性水平很高，但是在工作中没有机会去发挥或锻炼，你可能会感觉有点压抑。

那么，坚韧性水平会影响职业选择吗？在某种程度上，答案也许是肯定的。例如，有的人很早就决定他们想要从事何种职业，是因为他们相信自己能掌控命运，如企业家、医生、牙医、艺人、作家等；另外，有的人更乐于从事一份稳定、常规化的工作，如接待员、文员、快餐店员工、银行出纳员等。因此，希望每个人都能够选择“适合”自己坚韧性类型的工作。当一个人的工作与自己当下的坚韧性不匹配时，如从事的工作无法提供太多掌控感，或者不能赋予其意义，偏偏这个人有高度掌控感和责任心，这样的工作可能就会让他不舒服。因此，要么调整好自己的心态，要么找一份让自己更满意的工作。

医护人员的坚韧性得分

长期以来，医疗行业一直被认为是一个压力很大的行业。据猜测，产生压力的原因包括：专业活动的复杂性、员工数量短缺、优质的护理服务要求、超负荷的情绪压力、角色冲突和工作中的噪声等，这些都使得医院的工作令人痛苦，并导致日益增大的压力。而在同样的工作压力下，有些医护人员仍然能高效工作、施展能力，而另一些医护人员陷入了职业困境。对此，研究人员展开了调研，试图找到其中的原因。

研究人员在摩洛哥一家大型医院开展了一项有趣的研究，旨在了解其医护人员（150名护士和80名医生）的坚韧性水平。这项研究使用了早期版本的坚韧性弹性量表作为衡量指标之一。他们发现，护士的坚韧性水平与医生没有差异。然而，服务时间是一个造成坚韧性差异的因素，即不同服务年限的人的坚韧性不同。工作时间较长的医护人员比刚开始工作的医护人员的坚韧性得分更高。

医护人员的健康状况与他们的坚韧性水平会不会有关呢？带着这个问题，研究人员还调查了医护人员的一些健康指标，包括高血压和癌症。结果显示，在患有高血压的人群中，78%属于坚韧性得分低的人群。此外，患有癌症的都属于坚韧性得分低的人群。

总体来说，81%的医护人员的坚韧性得分低，16%的人得分处于中间水平，只有3%的人坚韧性得分高。研究人员观察的另一个指标是这些专业人员在工作中的投入度。研究人员发现，医护人员在工作中的投入度和他们的坚韧性水平之间具有显著的关系：坚韧性越高的人工作的投入度越高。报告称，对工作高度投入可以使医生和护士完全融入工作，并能积极适应所处的专业环境。在医护人员需要采取行动对不同的方案做出选择时，坚韧性–掌控力起着重要作用。坚韧性之挑战因素则反映了医护人员在变革过程中的参与度。

我们还讨论了这些适应性因素在保护医护人员免受工作压力影响方面的重要性。适应力强的医护人员能够积极应对压力事件，而适应力弱的医护人员倾向于把压力情况视为一种威胁。相对于变化的环境，低坚韧性的医护人员往往更喜欢稳定，因而拒绝改变。

我们可以看到这些研究成果在不同工作群体中的应用。通过研究，我们还发现，一个高坚韧性的人，更容易投入到独立性、目标性和挑战性强的工作中。当他们在工作中看到变革的空间时，高掌控力有助于实现变革，而高挑战力可以推动变革更加顺利。

你对坚韧性和工作满意度了解多少

绝大多数人往往寻找能引发他们特定情绪反应的一类工作或情境。回顾30年来在坚韧性上的研究，塞琳娜·奥利弗在坚韧性与工作满意度方面得出了一些有趣的结论：因为人与人的不同，人们通常会寻找那些能让自己感觉良好的工作。例如，高坚韧性的人更喜欢能提供很多独立性和挑战性机会的工作，他们也更有可能改变自己认为不理想的处境；他们在工作中往往表现出“我能行”的态度。而且，他们更有可能在工作中主动寻求反馈，从而提高自身能力、自尊和自信。高坚韧性的人最有可能为自己设定远大的目标并努力去实现。

当工作中遇到压力时，高坚韧性的人往往聚焦问题，制定有效的应对策略。如果发现改变现状的机会比较有限，他们就会去重新定义这个挑战，也就是说，他们会从更积极的角度来看待当下的挑战。他们更愿意知足常乐，而不是纠结于不愉快的处境，或者对不公正的现象发泄自己的情绪。

奥利弗的研究着眼于不同职业群体的坚韧性和工作满意度之间的关系。她发现，在从事教学、医疗保健和人力资源服务等类型的工作中，坚韧性与工作满意度的关系更为密切。换言之，在涉及提供帮助与支持、培养他人的工作中，坚韧性和工作满意度之间有着更强的联系。因此，低坚韧性的人在从事与其他人有很多互动的工作时，可能感到吃力。这可能与工作中有关坚韧性的其他一些发现有关。

研究发现，坚韧性之承诺因素与整体工作满意度之间的关系最为紧密。拥有人生目标的人要么找到他们最为满意的工作，要么充分重视现有的工作。坚韧性之掌控因素与工作满意度的关系显著但不紧密。掌控较高的人，为了在工作中获得满足感，往往需要做出改变。他们要么想办法对现在的工作做出改变，要么离开现在的工作，出去找一份令自己更称心如意的工作。坚韧性之挑战因素虽然也与整体工作的满意度有关，但不如其他两个因素的关联度高。挑战得分高的人会审视自己，重新定义他们感兴趣的工作，并专注在自己认为最具挑战性的工作内容上。

请思考一下你的坚韧性–承诺力。你能确定生活中哪些事情对你最重要吗？你做的事情是在帮助别人，还是在改善环境，或者创造新事物，让世界变得更美好？如果你能明确目标，并且找到支持实现这个目标的工作，那么你在工作和生活中都将获得更大的满足感。

工作中的挑战与障碍

如果要求你完成的工作是你以前从来没有做过的，你会是什么感受？你是把它当作一个新的挑战，感到兴奋，还是把它当作一种负担，或者妨碍现有工作的麻烦事呢？有些人认为：工作中的任何新要求都会让他们更花费心思，导致工作压力增加；而有些人认为这些新要求是新的机遇，也就是前面章节中描述过的挑战。

研究人员针对这些认知构建了相应的工作理论。一种认知是，工作中的这些要求会耗尽资源，让自己徒增更多压力；还有一种认知是，这些要求虽然会妨碍现有工作，也会产生干扰，但是很有挑战性。在对这两种认知的更进一步的研究中发现，这些工作要求会影响人们的自我价值感和他们对工作意义的认知。因此，产生了“幸福感”的概念，即不断增加的积极正向的幸福感。更具体地说，幸福感定义为有能力胜任工作、与他人的积极关系，以及对生活有明确的目标。高坚韧性的人更有可能处于这样的幸福感状态。

研究人员特别研究了三类工作要求的影响。首先是工作量，它与努力工作的程度有关；其次是责任，它意味着很多方面取决于你所做的决定；最后是学习需求，指的是为了完成工作需要学习的知识和技能。

所有的研究都表明，最重要的一点是工作者如何看待工作要求。如果有人要求你做某事，而你评估后认为这件事有趣或具有挑战性，那将对后续产生一系列的影响。如果你将工作要求视为烦恼或障碍，那将对你产生完全不同的影响。你对工作要求的诠释，无论是积极的还是消极的，都会影响你的自我价值感和对工作意义的认知。该项研究还有一个令人惊讶的发现，那就是这些工作要求（以及你对它们的理解）不仅影响你的工作，而且对工作以外的个人生活也会产生影响。

所有人都希望努力实现工作和生活的平衡（如果真有这么回事的话），最好一回到家，就把工作问题留在工作场所，但事实好像并非如此。我们很难做到不把工作中的情绪和感受带到个人生活中。如果工作带给我们兴奋和挑战，回到家里，我们则更有可能保持好的心情，并感到幸福；反之，如果工作带给我们的是精疲力尽和巨大压力，这些不好的感觉以及随之而来的健康风险，将一并跟着我们回到家里，让我们感受到痛苦。我们经常听到的是工作带来的一些负面影响，如压力、日常琐事、繁重的工作量、人际冲突以及对健康的影响，但我们很少听到工作带来的正面影响（如果有的话）。拥有更高的坚韧性，意味着将工作要求视为挑战、对任务做出承诺并有所掌控，这些都可以提升整体生活的幸福感，包括不断增强对自我能力的认同、与他人保持积极的关系和不断提升人生意义。

法律界人士的坚韧性

我们已经谈及了蓝领工作者，如公交车司机必须面对的挑战，以及坚韧性对人们的健康生活所发挥的作用；我们也对医疗护理领域的专业人士进行了调研。其实，还有一个压力巨大的职业群体，那就是律师从业者。事实上，已经有报道显示，律师不仅比普通公众遇到更多的心理困扰，而且他们的心理健康状况也很糟糕，抑郁、酗酒、非法吸毒和离婚事件在这个群体中的发生概率比任何其他的职业比率都要高。

苏珊·科巴萨是最早关注律师压力与健康的研究人员。她对加拿大律师协会会议的157名普通执业律师进行了调研。研究发现，压力是导致这些律师出现紧张和疾病症状的重要因素。律师出现的疾病症状包括胃灼热（烧心）、胃部不适、头痛和睡眠困难。更重要的是，这项研究表明，那些在坚韧性之承诺方面表现出色的律师，较少采取回避式应对策略，他们的身体更加健康，并且很少出现与压力有关的健康问题。

另一项有趣的研究来自阿拉巴马大学法学院。研究人员对律师和法律系学生的坚韧性、压力和其他一些因素的关系进行了调研。他们一开始谈论的是“律师性格特质”，法学院录取的条件决定了智商低于115的人很难进入法学院。此外，这个领域通常吸引的都是那些有进取心、有才智和有抱负的人。相比其他职业领域，法律专业更注重成就导向、更具进取精神和竞争性。

“律师性格特质”之一，体现在当律师处于需要帮助的情况下，他们很少愿意接受来自他人的帮助。因为他们更倾向于自力更生。他们雄心勃勃，追求完美，致力于为客户提供优质服务。英国有研究人员对1 000名律师进行了调研，报告显示，70%的律师表示，他们处于充满压力的工作环境中；2/3的律师称，“他们对于向雇主告知自己的压力感到有顾虑”。造成这种情况的原因之一是，他们害怕坦白压力感会有损自己的声誉，进而不利于与客户群体维系关系。研究发现，如果在坚韧性的某项因素上比较突出，比如承诺因素比较高的人，即使他们可能受到伤害或面临过大的压力时，他们也会继续追求自己的目标。此时就需要挑战力要素来介入，进而实现追求目标和灵活性的平衡。具有高挑战力，能增强心理上的灵活性，他们在发现一种方法走不通时，往往采取不同的方法或路径。

律师的生活模式也是造成他们有压力的因素。他们通常需要长时间工作。由于律师按照小时计费，要获得足够的计费时长对律师而言，意味着很大的压力。律师工作的对抗性也是导致压力增加的一个因素。此外，由于案件的结果有很多不可预测性，律师可能需要耗费数百小时去做准备。而且，他们经常要与难缠的客户、同事和对手打交道。

在阿拉巴马法学院的研究中，皮尔森等人对530名律师和法律系学生进行了调查，了解他们的工作、压力情况及他们应对压力的方式，并对他们进行了一些性格测试。研究人员采用了早期版本的坚韧性弹性量表，评估受访者的挑战、掌控、承诺，以及整体的坚韧性得分。亚拉巴马州的全体律师国家型团体被邀请参加了这项研究。研究的目的是获取每个受访者的压力分值，辨识压力分值较低和较高的受访者的行为方式，并确定他们的行为方式是否与压力水平相关。

研究人员首先分析了受试者对单个问题的所有回答，以确定对压力有耐受力的律师的性格特征；然后，他们将每个调查回复与所有其他调查回复进行交叉比对。研究人员还调研了包括人口统计学变量在内的具有统计学意义的变量关系，并对许多律师进行了采访。

研究发现，某些特征之间存在非常显著的关系。例如，律师的掌控感、意义感、认知灵活性等都和坚韧性相关。这意味着掌控感、目的感或认知灵活性较强的律师感受到的压力较小；而掌控感、目的感或认知灵活性较低的律师则感受的压力较大。他们还发现，依赖酒精和药物来控制压力，与所感受的压力水平之间存在着非常显著的关系：那些承认试图依赖药物控制压力的律师会感受到更大的压力。

不同专业领域的律师，会面对各种不同的压力源。研究人员发现：在家庭法和刑法案件中，辩护律师经常遭遇以下情况，即当情况对客户不利时（如入狱或失去对孩子的监护权等情况下），辩护律师很难与客户进行沟通；参与诉讼的律师常常需要与胡搅蛮缠的人打交道，尤其是对方的辩护律师；律师事务所的负责人经常因为处理公司内部的人事问题而感到压力；在政府部门工作的律师担心所需的资源不够，导致工作不能顺利进行。

掌控和压力的关系

亚拉巴马州法学院的研究发现，压力和坚韧性之掌控因素之间有直接关系。如图9.2所示，承受较多压力的律师掌控较低，而承受最小压力的律师掌控最高。研究人员发现，这与他们工作的不可预测性有关。

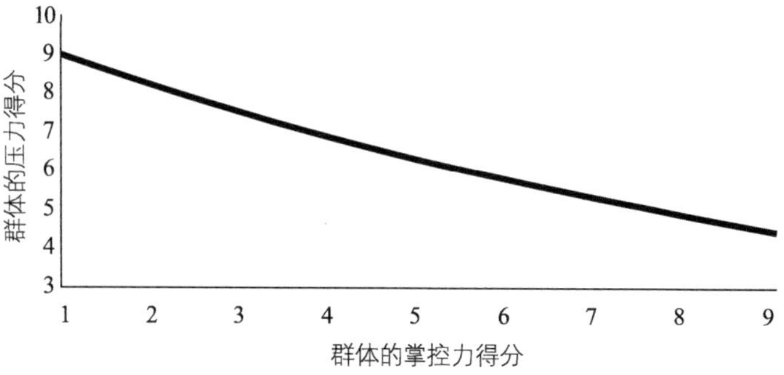

图 9.2　掌控力与压力的关系

这项研究中还有一点很有趣，当律师们被问到他们是如何应对压力时，高坚韧性律师的回答很有意思，他们认为是掌控感起了作用。以下7点是帮助律师调整和保持对职业生活掌控感的要素：

- 准备充分
- 时间管理
- 组建团队，寻求他人帮助
- 学习如何“停下来”
- 对自己的职业负责
- 认识到法律是一门生意
- 与客户划清界限

使命感（承诺）和压力的关系

坚韧性–承诺，也就是研究人员所称的使命感也被发现与律师的压力直接相关，具体如图9.3所示。

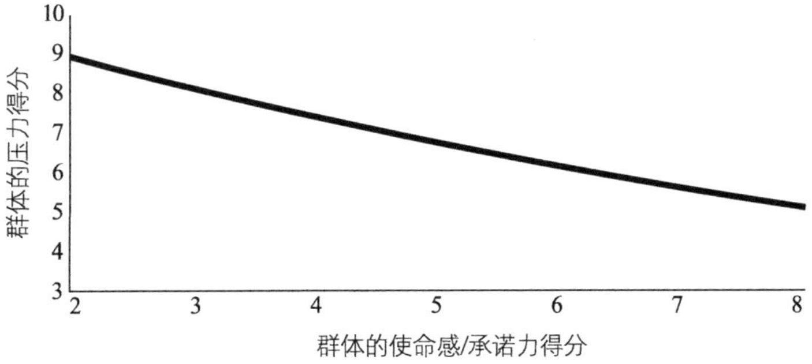

图 9.3　使命感 / 承诺力与压力的关系

很多律师把自己的使命感解释为支持客户或帮助客户的生活发生改变，还有一些表述是解决问题、保护公司、让客户感谢、协助法律系统伸张正义，以及让法律系统更好地运转等。总体而言，缺乏使命感的律师的压力的平均分值比具备使命感的律师的平均压力分值高32%。

认知灵活性（挑战力）和压力之间的关系

这项研究还调研了坚韧性之挑战因素，挑战也被看作认知灵活性。从根本上来说，这是一种让压力情境变得有意义的方式。研究人员把挑战描述为一种在应对压力情况时能够转换方向、采取不同路径或改变目标的能力。他们发现，压力最大的律师认知能力最弱，压力最小的律师认知能力最强，如图9.4所示。

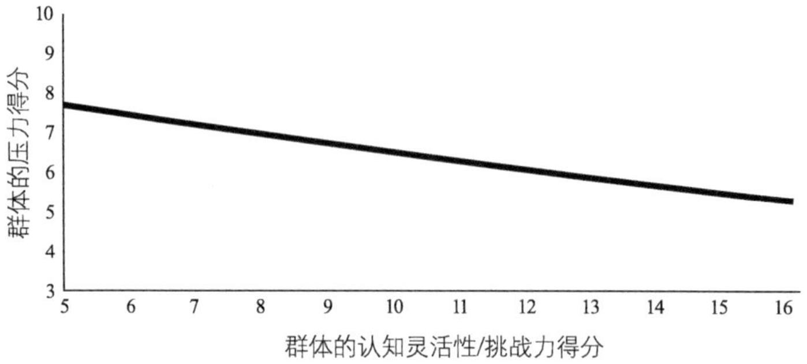

图 9.4　认知灵活性 / 挑战力与压力的关系

例如，那些声称“不会因日常事务干扰而感到烦恼”的律师，对于自己处理个人问题的能力更有信心，并且能够更好地把控自己的情绪。喜欢一次同时做几件事情的律师，感觉对事情更有掌控感。在具有高挑战力的律师，灵活性和适应性尤为突出。

在挑战力/认知灵活性方面出色的律师，所采用的策略可分为以下8种：

- 做好改变的准备
- 了解市场
- 开发细分市场
- 识别机会

- 创造机会
- 财务上保持“灵活”
- 精通专业技术
- 参与社区和专业的参与其中的很多策略可以应用于法律专业以外的领域。

高坚韧性律师的特征

桑尼・汉达是加拿大一家最大的律师事务所的高级合伙人，负责管理事务所的信息技术和通信团队。他拥有法学博士学位，还在麦吉尔大学法学院任教，并著有多部计算机和知识产权法方面的书籍。在多个加拿大顶尖律师的名单和排名中，他都被评为该领域的顶尖律师。他的客户包括一些世界上最大的科技公司。桑尼的坚韧性弹性量表如图9.5所示。

图9.5中，桑尼的整体坚韧性得分在高分区间，这点毫无悬念。他在法律生涯中经历了众多艰难的谈判，但他很少（即使有的话）会被激怒或失去冷静。他的坚韧性–挑战得分也很高。在被问及分数高的原因时，他解释说，他总感觉自己信心满满，可以坦然面对所有未知。

在接下来的页面中，你将发现更多关于你的挑战力、掌控力和承诺力得分的信息。在你通读个人报告时，想想看在你的日常生活中，你是如何看待这些坚韧性品质的。如果你选择执行我们为你推荐的发展策略，就可以确保你在面对压力和变化的情况时为成功做好准备。

这是坚韧性–挑战的一个重要部分：不害怕即将发生的未知情况，而是更愿意把未知看作待解决的有趣问题。

桑尼 · 汉达
2019.5.27

坚韧性弹性量表

整体坚韧性得分：111

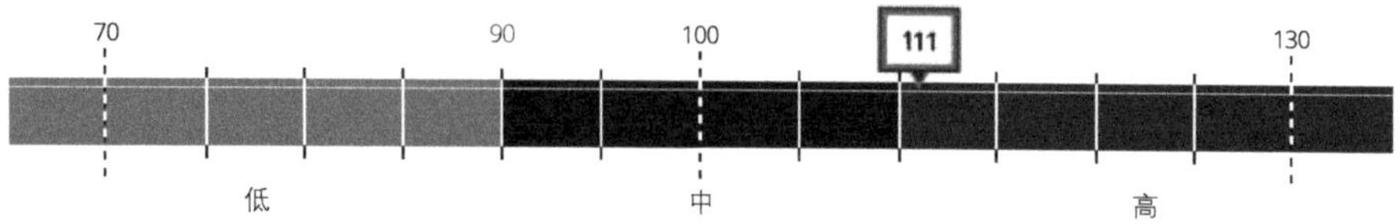

得分解读：

- 你的整体坚韧性得分在高分区间。
- 你有很强的能力，能从容应对压力和处理意外及突发状况。你的高坚韧性水平会保护你免受压力的负面影响，你有能力对压力和突发情况做出适当且健康的回应。
- 你有应对压力所必需的能力。举例：相对于忽视或回避压力情况，你更倾向适应压力并且消除它。

坚韧性分量表

挑战力

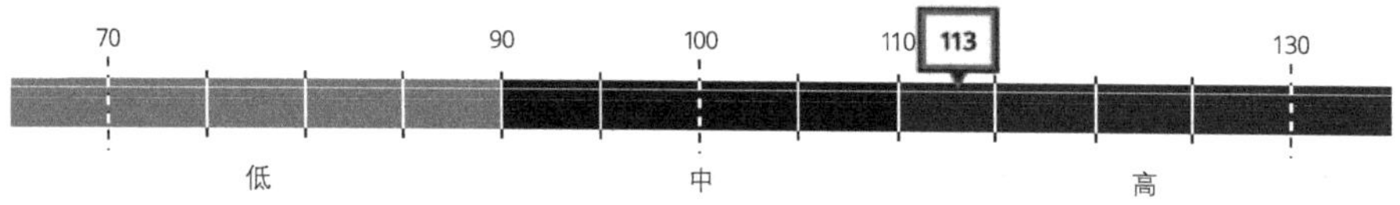

掌控力

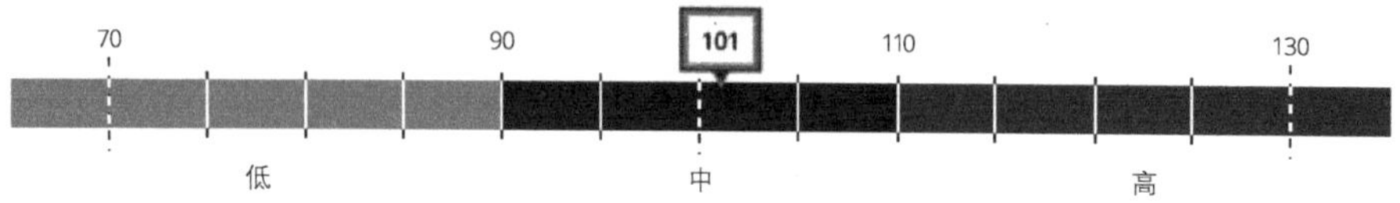

承诺力

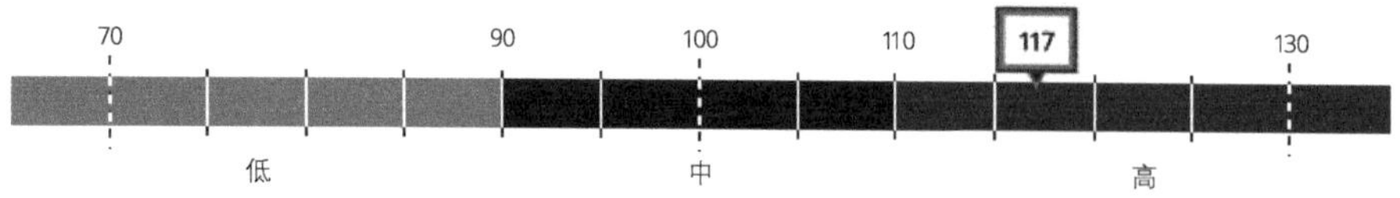

在接下来的页面中，你将发现更多关于你的挑战力、掌控力和承诺力得分的信息。在你通读个人报告时，想想看在你的日常生活中，你是如何看待这些坚韧性品质的。如果你选择执行我们为你推荐的发展策略，就可以确保你在面对压力和变化的情况时为成功做好准备。

图 9.5　桑尼 · 汉达坚韧性弹性量表

在这样高的学术资历和背景下，他仍然觉得自己不够勤奋。他认为他的挑战力受到自身教育和经验的影响，这有助于他指导新律师。新律师在遇到棘手的情况时，往往感到心里没底。他教导他们，只要了解法律，就能找到解决任何问题的方法。面对复杂问题时，你需要把问题分解。对问题进行分解并不等于解决方法，而是了解如何才能达成想要的结果。当面对棘手案件时，他会依赖自己的直觉，非常迅速地确定案件的走向和可能性。在他的律师工作和客户层面，他需要应对的都是机智聪明、足智多谋的人，这就是他的工作性质。

不过，让研究人员惊讶的是，桑尼的坚韧性–掌控得分低于预期。当被问到此项评分的结果时，桑尼说这对他非常有意义。他表示自己所处的环境非常复杂，有很多不确定性，也需要应对许多混乱的状况。他必须运用自己所掌握的工具和技能拨开迷雾、看清方向。在他经历的各种情况中，只有10%是可改变的，这让他感觉能掌控的范围很有限。所以，顺势而为通常是最好的选择。一般来说，各方都知道他们想要什么，而他的工作就是利用已经确定的因素，在一定规则范围内工作。他认为，自己的工作就是管理风险，最大限度降低风险。他说："我必须做好时间管理。我是一个自由主义者。要知道很多事情都不受我们的控制。"

桑尼在坚韧性–承诺上的得分是三项要素里得分最高的。当和桑尼谈及他的工作时，你会发现这个得分很合理。正如他所说："我相信我的工作价值。我的动力源于我的工作。我热爱自己的工作。我觉得我很幸运。我喜欢并且愿意和大家一起工作，我也享受独处时光。如果一切都是合理的，那我就没有可干的了。所以我从不泄气，并对我的工作充满信心。每个案子都令我感到兴奋，即使做的是和以往相似的案子，我也会在下一个案子里找到兴奋点。处理案件的过程中总是各种峰回路转。"

查看桑尼的情商得分时，研究人员发现了一个突出的分值：他的自尊得分最高。自尊这一因素与一个人的自信和觉察自己优缺点的能力有关。

正如桑尼本人所说：“我对自己充满信心。我并不是夸大其词，也不是傲慢自大。”

桑尼的同理心得分高居第二。同理心是指能够站在他人的角度，理解对方的思想，感受他人情感的能力。这一点对律师来说尤其重要，因为他们不仅要理解客户，还要了解对手的观点。律师还必须了解他们能在多大程度上影响法庭的宣判。正如桑尼所说：“我喜欢听别人说，我认为每个人都有其正确的观点。”

在桑尼的评分中，位居第三高的是乐观的得分。从情商角度来讲，乐观是一种即使在困难时期也能看到事物积极面的能力。在接到特别错综复杂的案件时，尤其在风险巨大的情况下，普通的律师很容易慌乱而不知所措。此时，律师如果能表现出适度的乐观，不仅能让客户感到愉悦，更能让你相信自己能找到解决方案。桑尼说：“我想事情会好起来的。我一向持有乐观积极的态度。”

当评估一个人的情商时，我们也会关注他所面临的挑战。在桑尼的案例中，他各项评分中得分较低的一项是社会责任感。社会责任感是指我们致力于对有需要的人提供帮助。需要说明的是，相对于他的社会责任感得分，较其他项目而言，社会责任感的优先级排序并没有那么高。对于这个分数，桑尼解释道：“我是一个自由主义者。我觉得自私和贪婪是有区别的。社会不会帮助我，我需要帮助自己。如果我与某人建立了亲密关系，我就会承担相应的责任。”

从得分情况可以看出，桑尼的次要挑战是灵活性。而对于律师、工程师和会计师等受规则约束的专业人士而言，灵活性得分往往都比较低。正如桑尼所说："我在规则范围内工作。我倾向支持维护秩序。我关注公平。"

在工作中发挥坚韧性

在这一章中，我们可以看到，坚韧性–承诺是缓解工作压力的一个极为重要的方面。寻求工作中的意义不仅能帮助你更好地管理压力，而且能让你更为投入。如果你能在同事中建立社会支持关系，这也会帮助你缓解工作压力。同事可以成为你重要的听众和征询意见的人，帮助你释放工作环境中形成的负面情绪。

了解了以上内容之后，我们不妨考虑一下"坚韧性"的整体价值及它对职业选择的影响。如果你对挑战力、掌控力和承诺力的需求有了清晰的了解，你就会知道如何将其应用在不同的工作中。比如，如果你对掌控的要求很高，那么你可能希望在一个自由度高的环境中工作；如果你看重工作的意义，就去从事一份让自己感到对社会有贡献的工作；如果你渴望的是挑战，那么就可以找到那些富于变化性、让头脑保持敏锐并能身心投入的工作。你的优先选择是那些具有挑战因素的工作。

总而言之，从事教学、护理、社会、医学等工作的人都是通过不同方式为他人提供帮助的，这些从业者比其他不需要以人为本的职业的从业者具有更高的坚韧性。但我们并不确定是由于坚韧性的人选择了这些工作，还是因为帮助别人的工作让人变得更具有坚韧性。答案很可能是两者兼而有之。

在医护领域，工作时长与坚韧性有关。大概很多类型的工作都是工作时间越长，越有助于工作者养成坚韧的心态。此时，我们会感觉自己更有掌控感，喜欢更具挑战性的任务，并在工作中找到更多意义。

坚韧性也与投入度有关。如果我们更能掌控自己的工作，在工作方式上就有更多的选择。这种掌控感有助于提升我们的投入度和承诺度。

而且，我们也看到了坚韧性有助于保护医疗专业人员免受压力的困扰。

所以，我们的建议是用坚韧性的思维方式（认为变化是有趣且有挑战性的）驱动自己的日常生活和工作，而不是让自己处于压力心态下（将变化视为威胁）。那么，现在的你，在多大程度是以压力心态面对生活的？又在多大程度是以坚韧性心态面对生活的？在你心目中，世界发生种种的变化是威胁还是有趣的挑战？

现在我们也看到了一些工作方面的例子，体现着坚韧性在工作领域的重要性。你可以把其中的大部分应用到自己的工作中。在接下来的章节中，我们将探讨坚韧性在其他行业的影响。

第10章

坚韧性在音乐/艺术和体育行业中的作用

“做到精通固然了不起，然而这还不够。你要能够在必要的时候果断地调转航向，并且不会因此而后悔。”

——汤姆·彼得斯（Tom Peters），美国商业实践领域作家

在高风险行业中，要想成为一名成功的专业人士，需要顽强的意志，还要具备一定的坚韧性。在这一章中，我们将集中讨论体育界和娱乐界专业人士的坚韧性。如我们所知，身为运动员或演员，无论是在赛场上或舞台上，他们要面对数百名乃至数百万名观众，接受来自观众的评头论足。他们还必须与其他很多和他们一样出色的同行竞争，以求获得一席之地。

那么，坚韧性在他们的成功或失败中扮演了什么角色呢？我们将通过列举案例和研究成果来探讨坚韧性三要素在这些高风险行业从业者中所起到的作用。我们还将研究高绩效人士是如何利用他们的坚韧性品质的。另外，通过观察这些长期处于高风险和高压力下的从业者，即以竞技比赛为生的运动员和以娱乐表演为职业的演员是如何应对工作压力的，我们还可以学习到应对生活中各种压力的方法。

音乐总监“奏响”的坚韧性

你可能没有听说过奥林·伊萨克斯这个名字，他是一名知名的音乐制作人，在音乐制作领域，奥林·伊萨克斯做出了一番杰出且广为人知的成就。他曾与包括玛丽亚·凯莉、比利·雷赛勒斯、基德·洛克、保罗·安卡、汤姆·琼斯、帕蒂拉·贝尔、莱昂·内尔里奇、安妮·默里、伯顿·卡明斯（The Guess Who乐队成员）、马蒂娜·麦克布莱德、罗杰·霍奇森（前卫摇滚乐队Supertramp成员）、保罗·沙弗［《大卫·莱特曼深夜秀》（*Late Night with David Letterman*）出品人］、布雷特·迈克尔斯（Poison乐队的成员）、梅西·格雷等在内的很多音乐艺术家合作过。他是加拿大颇受欢迎的深夜脱口秀节目（Open Mike with Mike Bullard）的乐队负责人。

他为数十个电视节目及音乐奖项谱曲并演奏音乐，包括《加拿大大哥》（Big Brother Canada）、《加拿大神奇的民族》（*The Amazing Race*

Canada）、《加拿大达人》（*Canada's Got Talent*）、“加南大银幕奖”（*Canadian Screen Awards*）、“朱诺音乐奖”（*Junos*）等。他曾三次获得朱诺音乐奖，作为艺术家和音乐制作人，他拥有四张白金唱片和一张黄金唱片。

奥林自幼在多伦多一个名叫喀里多尼亚的村子里长大，在劳伦斯高地上学。劳伦斯被当地居民和警方称为“丛林”（丛林意指混乱）。在当地人眼里，劳伦斯治安混乱、危险密布。加拿大一家全国性报纸曾刊登过一篇头条文章，称该地区为“多伦多新诞生的谋杀之都”，并对该地区的犯罪情况进行了一些深入报道。附近地区，一位名叫林克斯的20岁的青年人，他是一位嘻哈音乐制作人。说起这个地方，这个身着Crip帮派服装的小伙子评价道：“你仿佛置身于危险密布的丛林中。这里就像是一个杀戮的战场。”

劳伦斯是非洲裔加拿大人的聚居区，有许多单亲家庭，奥林也在单亲家庭长大。他的一些同学还没有高中毕业，就因为走上歧途而犯法。学校的音乐老师教导奥林，与其到处惹事，不如好好利用时间鼓捣音乐。

奥林的母亲很要强，从小就教育他要执着追求自己的目标，所以在读高中时，他在眼镜上贴了一张便笺，上面写着“#1”（第一名）。奥林无疑是个幸运儿，他在音乐方面拥有宝贵的天赋。

奥利为自己选择的乐器是低音吉它，尽管他最喜欢的音乐类型是嘻哈、都市，但他的音乐老师教他学习了所有的音乐类型：古典摇滚、民谣、电子，以及一些他前所未闻的音乐。后来，他成了一名职业的贝斯演奏手，在每个周末的晚上进行表演，并能赚取100美元的报酬。经过多年演奏经验的积累，他成为了一名资深的演奏家。他认为，凭他现在的水平，每场演出应该得到1 000美元的报酬。他知道，按照1 000美元报酬收费可能会导致他的工作机会大大减少，然而他没有放弃这个想法。最终，他得到了更好的演出机会，得到了他想要的报酬。

有一次，当奥林和摄制组为一个嘻哈歌手拍摄音乐视频时，正在隔壁拍摄电视节目的制作人走过来问："这是谁制作的音乐？"很快，他们找到了奥林，从此开启了奥林的电视生涯。现在，拍摄音乐视频成了奥林的主要工作。

当下的电视音乐制作条件为奥利提供了有力的技术保障：奥林可以按照合作方的要求，上午完成2分35秒的惊悚音乐和4分10秒的性感音乐创作，下午就能提交音乐小样。并且奥林所有的音乐作品都必须是原创的，以免侵犯他人的音乐版权。随着技术的发展，在以前看来不可能实现的操作和要求，现在都可以实现了。奥林说，他最开心的事莫过于周一创作的音乐，在周二的晚间电视中就能播出。

奥林的坚韧性弹性量表的评估结果

经过沟通，奥林同意采用坚韧性弹性量表评估坚韧性，用EQ-i 2.0评估情商，以更好地了解他的思维模式。奥林自幼在底层社会中长大，在极其艰难且竞争激烈的行业中谋求发展，并取得如此显赫的成就。而现如今，成千上万有才华的音乐家和作曲家们都在努力奋斗着，却很少有人能以音乐为生，更不用说成为一个成功的楷模了。

你可能认为奥林的坚韧性得分很高，因为他在具有挑战性的环境中取得了不小的成功。是的，评估结果的确表明你猜对了。奥林的坚韧性评估量表如图10.1所示。他的整体坚韧性得分很高。这证明了他具有成功应对压力环境而非逃避压力的综合能力。

当奥林得到为一个电视节目配乐的机会时，他觉得他的机会来了。正由于他勇敢的把握住了机会，奥林实现了他在音乐行业的重大的职业转变。

奥林·伊萨克斯
2019.4.12

坚韧性弹性量表

整体坚韧性得分：114

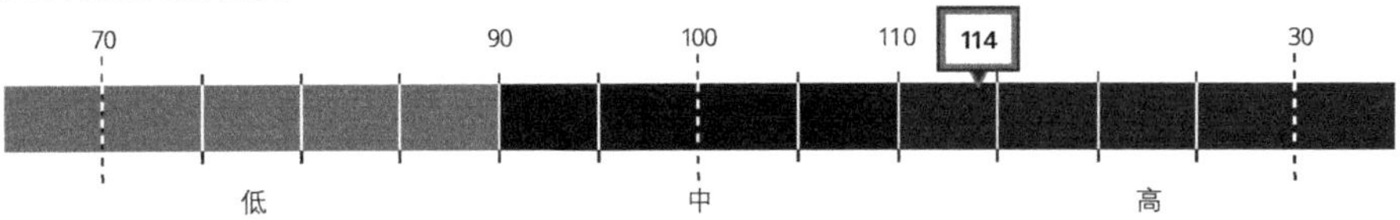

得分解读：

- 你的整体坚韧性得分在高分区间。
- 你有很强的能力，能从容应对压力和处理意外及突发状况。你的高坚韧性水平会保护你免受压力的负面影响，你有能力对压力和突发情况做出适当且健康的回应。
- 你有应对压力所必需的能力。举例：相对于忽视或回避压力情况，你更倾向适应压力并且消除它。

坚韧性分量表

挑战力：104

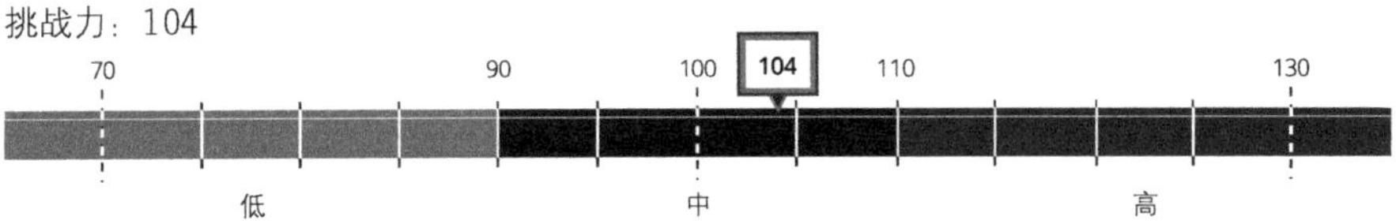

掌控力：118

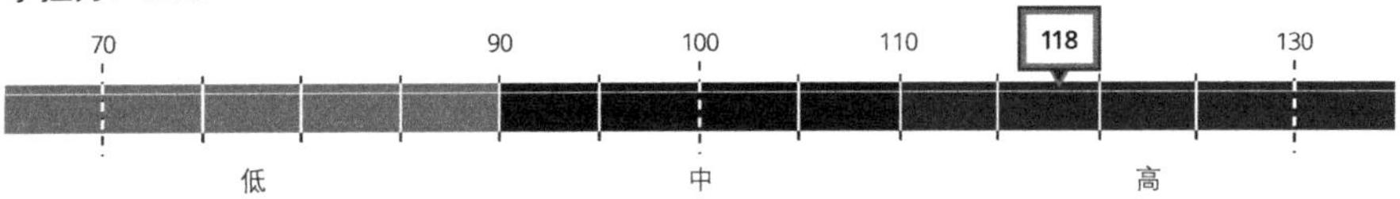

承诺力：117

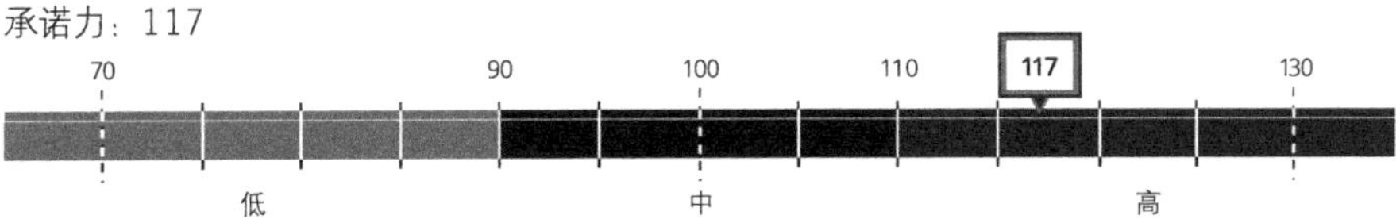

通过他的故事，你可能想象奥林不管处于什么样的环境，他都具备很强的掌控力。可以确定的是，奥林并不是坐等事情发生。高效能人士的特点之一就是采取行动，并且倾向战略性地采取行动，而不是浪费时间追逐不可能的结果。他们了解自己的优势和劣势，也清楚自己在当下能做什么，哪些超出了自己的能力范围。

图 10.1　奥林·伊萨克斯的坚韧性弹性量表

有多少次，你眼睁睁地看着机会却犹豫不前？是否曾经有些不错的机会就在眼前，但你就是说服不了自己去把握它们？你是否曾经因为害怕失败或觉得胜算不大而畏缩不前?

承担合理的风险，即使有时会失败，但从长远来看，也是值得的。有时，正是恐惧阻碍了我们前进。

这也许并不奇怪，奥林在坚韧性–掌控力上的得分是最高的。这充分地解释了为什么你一旦认识他，就会感觉他有很强的掌控意识，能够很好地控制自己对各种情形的反应。奥林在整个职业生涯中都表现出这个特点。遇到困难时，他持续努力工作，力求实现目标。作为一名巡回演出的音乐家，要维持生计并不容易，但奥林坚信自己的才华和价值，他把每场演出报酬从100美元提高到1 000美元，这样做冒了很大的风险，因为提高报酬在一定程度上制约了演出的数量。但从另一个角度看，他只做高质量的演出，因而奥林能更大限度地掌控了自己的职业生涯。

如何看待自己是很重要的。你怎样看待自己，就决定了你过怎样的人生。奥林对自我的客观认知及对才华的自信，帮助他不断推进职业生涯的发展。通过测评，奥林的坚韧性–承诺力得分也很高。而承诺的一部分内涵是关于如何看待自己，或者说自我价值。如前所述，奥林的母亲在他小时候就教导他要把自己视为第一，奥林将这种信念内化于心。直到今天，奥林都表现得胸有成竹。奥林并无丝毫的傲慢，他在展示自己的能力中体现了自信，并一次又一次地证明了这一点。

对于奥林来说，他并不觉得音乐对他是多大的挑战。他经常与非音乐界的艺人合作，指导他们在电视媒体上进行音乐表演。他曾与在《星际迷航》（*Star Trek*）中扮演柯克船长的演员威廉·夏特纳合作，指导他在电视媒体上完成音乐剧。夏特纳不是音乐人，这次合作对于奥林来说是相当大的挑战。奥林说，这种工作需要耐心、敏锐和创造力。

通过他的故事，你可能想象奥林不管处于什么样的环境，他都具备很强的掌控力。可以确定的是，奥林并不是坐等事情发生。高效能人士的特点之一就是采取行动，并且倾向战略性地采取行动，而不是浪费时间追逐不可能的结果。他们了解自己的优势和劣势，也清楚自己在当下能做什么，哪些超出了自己的能力范围。

承诺还意味着积极投入你对目标的追求中。承诺力高的人相信他们能够持续学习并实现梦想。承诺与工作表现密切相关，承诺力高的人会感觉自己在工作中表现出色。奥林在接受采访时指出，和音乐界新兴的、年轻的、炙手可热的艺术家保持同步，对他来说至关重要。无论是最新的嘻哈歌手还是最新的电影大片排行榜，他都了如指掌，这样他就能保持创作的新鲜感。

或许你会预计奥林的坚韧性–挑战力得分也会非常高。然而，这却是他的坚韧性得分最低的一项，奥林的挑战力的得分落在了中等或平均水平。该如何解释这个结果呢？我们注意到：奥林的坚韧性各要素的得分是平衡的。在整体平衡的情况下，挑战力的得分低于其他两个要素。而且，在观察掌控力与挑战力之间的关系时，我们发现，奥林对掌控和影响人生结果的动机高于尝试新事物和获取新经验的动机。如果他觉得他无法掌控结果，他可能就感受不到学习情境中的价值，从而动力不足。

从奥林的得分中，我们可以看到，挑战力和承诺力二者并不平衡。这有可能反映了他内心的渴望：他渴望的是做有意义的事情，而不是尝试新事物。我们都会经历思维模式的不同阶段和转变。我们为不同的成就赋予了不同的重要性。有时，有意义的工作和目标是我们的要务，而有些时候，生活可能就是尝试新事物。在当下这个时间点上，你认为自己处于哪个阶段？

奥林没有太多尝试新事物的原因之一可能是他并不惧怕未来，因为他已经拥有稳定的工作。他取代了许多传统的音乐导演，能够按照预算要求按时进行数字化创作、制作和交付原创音乐。作为一名富有经验的表演家，他对于工作安排有一定之规。也就是说，他的工作和生活存在一定的可预见性，可能包括一些合理的不确定性，比如不清楚下一个演出是在哪里、什么时候。寻求安全感与寻找下一个机会之间的平衡，拉低了挑战力的得分。

将坚韧性和 EQ–i 2.0 情商评估相结合

奥林还接受了我们的情商测试。EQ–i 2.0所衡量的15项情商因素有助于我们更好地理解：坚韧性心态是如何通过具体的情商来体现的。

正如预期的那样，奥林的情商得分很高。不过，我们一直都对得分模式感兴趣。通过了解人们得分最高或最常运用的技能，我们可以更好地了解人们是如何与自己及周围的世界互动的。

在奥林的例子中，他的自信得分最高，表明在以建设性方式表达自己想法、感受和信念方面的能力最强。高度自信为奥林带来了多方面的回报。首先，正是自信使奥林能够将自己的巡回演出的报酬提高到其他贝斯手的10倍。

其次，为了在音乐制作界获得成功，奥林引用了“渣人禁入”的原则，即他拒绝聘用那些不遵守规则且卖弄才能的人。虽然我们都知道音乐人往往品行不端，而在当今的音乐界，这些不良行为越来越受到排斥。因为浪费时间的成本如此之高，所以音乐制作人对于不负责任的行为几乎是零容忍。请思考一下自己的自信程度。你是否愿意通过非破坏性的方式表达自己的想法和感受？你是否会因为害怕冒犯或被断然拒绝而退缩不前？是否有人评论过你太过咄咄逼人，不考虑别人的感受？

奥林的第二高分是抗压能力。EQ–i 2.0中的抗压能力与坚韧性弹性量表中的坚韧性密切相关。抗压能力可以评估你直面压力和掌控压力情境的能力，而不是逃避压力或冲动的情绪反应。抗压能力强的人往往会诚实地审视和处理压力，通常专注于当下的任务和要解决的问题。那么，你抗压能力如何呢？不妨思考一下。

奥林在自我实现方面的得分也很高。自我实现得分高的人知道自己想要的生活是什么样的，并且始终追随自己的梦想。奥林喜欢创作和制作音乐，并愿意与他人分享。很多高绩效的人在通往目标的过程中必然会经历诸多挑战。心怀自我实现的强烈意愿，能大大减轻前行路上的付出和牺牲所带给我们的痛苦。自我实现的得分高，这也意味着你清晰自己的目标，并有强烈的意愿去实现这些目标。当你明确了人生目标、明确了对你而言真正重要的事情是什么，并且已经踏上对目标的追寻之旅时，你就走在了自我实现的路上。你遇到的那些压力，就变成你要超越的挑战。

在通观EQ–i 2.0的分数时，我们也会关注需要提升的方面，或者哪些方面的得分最低。与普通人群相比，高绩效人的得分可能并不低，但是低于个人的最高分数。奥林就是这样。他的最低得分之一是同理心。经过和奥林的探讨，我们认为这个情况并不一定表明他缺乏同理心，而是他选择不去运用同理心。极其重视自我实现的人会非常专注。他们的注意力都花在工作和实现目标上面，这可能导致他们很少把注意力放在尝试去理解周围的其他人上。思考下你自己运用同理心的情形。在你的日常生活中，同理心对你有多重要呢？

艺人长久不衰的秘诀

娱乐业充满魅力，但也存在挑战。音乐界的艺人中，在还没来得及功名成就之前就死于毒品和酒精的人数多得令人震惊。事实上，互联网上被称为“27俱乐部”的会员，指的就是那些在27岁就英年早逝（主要是自杀或吸毒、服药致死）的艺术家，其中包括布赖恩·琼斯（摇滚歌星）、吉米·亨德里克斯（美国摇滚音乐史中最伟大的电吉他演奏者）、贾尼斯·乔普林（美国布鲁斯、福音歌和乡村音乐歌手）、吉姆·莫里森、科特·柯本（著名摇滚歌手，经典摇滚乐队Nirvana的主唱兼吉他手）和艾米·怀恩豪斯（歌手）。另外，像米克·贾格尔、保罗·麦卡特尼、布鲁斯·斯普林斯汀、托尼·贝内特和威利·纳尔逊等人则在晚年继续发展和演出。

为什么有的人职业生涯能够一直顺利，并且还能保持身体健康？而有的艺人身心俱疲，是什么造就了他们的差异？让我们拥有复原力、健康和长寿的要素都是什么？如何才能找到它们？作为心理学家，我们通常会研究成功者的样本，并将他们与没能成功的人进行比较。显然，我们无法触及那些已经离世的人，但我们可以找寻有才华、经验丰富、职业生涯成功且个人生活圆满的艺人。

艾伦·保罗是一位非常有才华的歌手，也是爵士声乐团体“曼哈顿行者爵士”的长期成员。自1980年以来，曼哈顿行者爵士乐队已赢得10项格莱美奖。他们创造了音乐历史的纪录，成为第一个在1981年获得格莱美流行音乐和爵士乐两个奖项的团体。他们凭借《纽约男孩》（Boy From New York City）和《伯克利广场上的夜莺》（A Nightingale Sang in Berkeley Square）分别获得最佳人声团体流行歌曲表演奖和最佳爵士人声表演奖。

在加入曼哈顿行者爵士乐队之前，艾伦就已经投身娱乐业了。他12岁参加了百老汇音乐剧《奥利弗》（Oliver）的早期演出，从此在音乐界开启了他的职业生涯。大学毕业后，他回到百老汇，在《油脂》（Grease）剧组，是“玉女天使”（Teen Angel）和“约翰尼赌场”（Johnny Casino）的原创班底成员。他还是一位有才华的作家和编剧，曾经获得四次格莱美奖提名。他不仅事业有成，而且婚姻美满，他和妻子安吉拉幸福相伴了38年。他们33岁的女儿也成了一名非常成功的歌手、作曲家。

在曼哈顿行者爵士乐队的一场演出后，我（本书作者之一史蒂文）见到了艾伦。

艾伦与我探讨了对娱乐业的看法，以及在这个行业中如何保持一颗平常心，艾伦谈到要在音乐界保持长盛不衰是非常不容易的。艾伦表示愿意接受我的采访和调研，并填写了坚韧性弹性量表和EQ–i 2.0。如图10.2所示。

坚韧性弹性量表

艾伦·保罗
2019.6.8

整体坚韧性得分：114

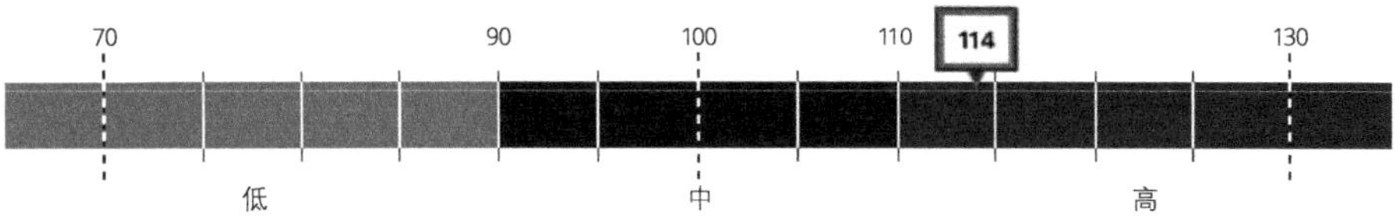

得分解读：

- 你的整体坚韧性得分在高分区间。
- 你有很强的能力，能从容应对压力和处理意外及突发状况。你的高坚韧性水平会保护你免受压力的负面影响，你有能力对压力和突发情况做出适当且健康的回应。
- 你有应对压力所必需的能力。举例：相对于忽视或回避压力情况，你更倾向适应压力并且消除它。

坚韧性分量表

挑战力：107

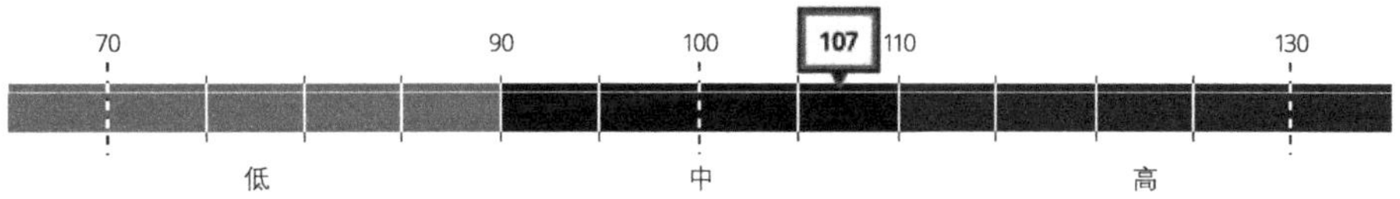

掌控力：114

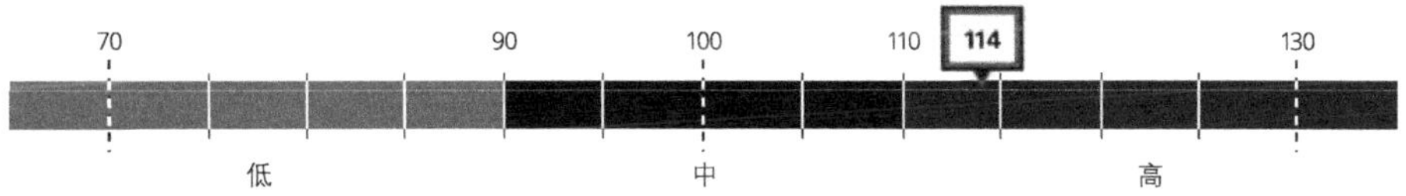

承诺力：117

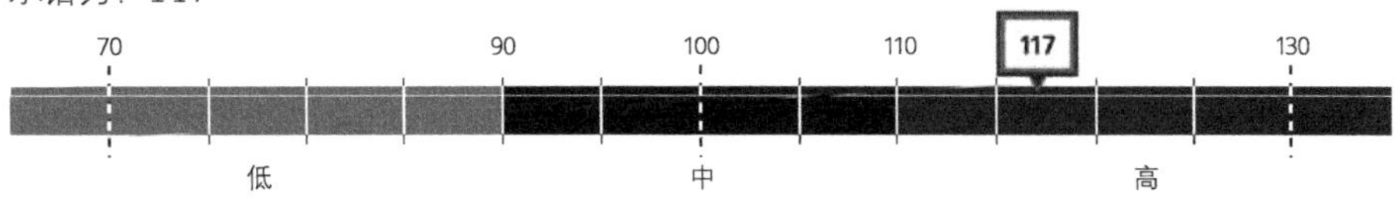

艾伦的总体坚韧性得分处于较高区间。这种高水平坚韧性反映了他无惧压力的心态，他更倾向将压力视为必须应对的挑战。事实上，按照艾伦的说法："在人的职业生涯中，压力情境是不可避免的。每个阶段都会遇到挑战、目标和决定。这里我要说的是，一开始要允许艺术家有更多的尝试和冒险的自由。"

图 10.2　艾伦·保罗的坚韧性弹性量表

艾伦的最高得分是坚韧性-承诺力，此项反映一个人的生活目的和目标。功成名就的艺术家通常具有强烈的成功动力，但重要的是，他们所追求的更多的是超越物质追求的目标。正如艾伦对自己艺术道路长盛不衰的反思："相比开创成功的事业，保持成功的职业生涯则压力更大，因为后者意味着要与更多的人打交道、投入更多的承诺及需要做出更多的妥协、解决更多的冲突。因而，我必须做出承诺，致力于实现个人欲望之上的更高目标。"

我们经常被问到，要想在这个行业成功，多大程度取决于天赋，多大程度取决于其他因素。人们对各种心理因素和外部环境的重要性有不同看法，如运气、有效的管理等。艾伦的观点非常有趣，他说："我从小就有不错的嗓音条件和唱歌的热情。一旦我决定要做一番事业，就必须制定具体的目标，并坚持不懈地实现这些目标。要取得成功，就必须为自己创造前进的动力。我不相信运气，我相信恩典。我相信我们都能链接到助力我们成功的神奇力量，我尽力而为，然后等待恩典。"

艾伦的坚韧性-掌控力得分也相当高，这反映出他有能力掌控自己的工作及能做好日常的压力管理。当问及应对压力的方法时，他回答道："我长年进行冥想，练习克里亚瑜伽。久而久之，这些方法帮助我处于平静、幸福的状态。同时，我意识到，我并不是我的思想或情感，而是更高的自我，一个在我面前观察着我所展现的一切的观察者。"当被问到他的职业生涯一直保持长盛不衰的原因何在时，他总结为"热情、创造性、努力工作、灵活、团队合作、妥协、倾听，最重要的是感恩"。很显然，这些都是非常宝贵的品质组合，但是，要发展这些品质并非易事。

艾伦的情商得分极高。他得分最高的因素是对现实性的评测，而现实性对娱乐圈的人来说很重要。很多年轻人抱着不切实际的期望进入这个行业，由于受到渴望成功的情绪和物欲驱使，看不到行业的残酷现实。拥有激情这一类的情绪固然很重要，但控制好情绪，并留意周围环境给我们的提示也很重要。要获得成功，需要遵循必要的步骤，努力工作无疑是其中之一。

艾伦的第二高分因素是情绪的自我觉察力。很明显，他花了很多时间去了解自己的情绪，从而可以更好地进行情绪管理。冥想或正念可以让人们更好地集中注意力，并对情绪有更好的自我觉察。而调节情绪的首要步骤就是先要了解自己的情绪。

艾伦在情商方面的第三高分项是同理心。同理心包括从情感和认知上理解他人的成长经历。与另外三位音乐艺术家和一位编曲/指挥合作，需要有极大的包容心。过度以自我为中心会给与他人的合作带来灾难性后果。同理心是团队合作的基石，你必须愿意倾听和理解团队成员。了解每个人的成长经历，可以帮助我们更好地处理可能出现的意见分歧或冲突。

最后，我们询问艾伦对尚处于职业生涯早期阶段的有抱负的年轻音乐艺术家有什么建议。有趣的是，他给出的很多建议几乎适用于创业初期的任何人。以下是他给出的九点建议：

1. 确定你自己是否要成为一位艺术家并且明确想要取得什么成就。

2. 设定你的目标。

3. 了解音乐行业是如何运作的。

4. 精通社交媒体以宣传、推销自己。

5. 灵活地实现你的目标。

6. 寻求帮助，不要闭门造车、独自行动。

7. 突破舒适区，让自己获得更多的成长。

8. 不要放弃，不要失去信念。

9. 放松并享受这个过程，最终得到想要的结果。这些真知灼见凝结了当红艺术家的宝贵经验。设定现实的目标，并努力实现目标——这是非常重要的能力，我们见证了很多行业中的成功，都与这项能力紧密相关。

年轻音乐家的坚韧性

我（本书作者之一史蒂文）作为志愿者，曾经参与了一个名为“加拿大音乐孵化器”的非营利项目，向新兴的年轻音乐工作者讲授心理学原理

（绩效问题、情绪/坚韧性技巧、创业心态和心理健康风险）。在与年轻音乐家一起工作时，我们了解到现如今要成为一名音乐艺术家是多么难的一件事。一方面，随着YouTube、SoundCloud等社交媒体的出现，几乎所有人都有机会将自己的音乐传播出去。另一方面，有了iTunes、Spotify、Amazon Music和Google Play Music这样的工具，完全不必依赖唱片公司制作唱片，帮我们启动或引领我们的职业生涯。当下，要发展音乐事业，有很多途径。

我们发现，坚韧性是音乐事业成功的一个重要因素。在对年轻音乐工作者的培训中，以及在为他们下个职业阶段做准备的过程中，我们对许多人的坚韧性和情商进行了测试。我们还受邀与国家广播网，以及歌迷选出的早期事业有成的、顶尖的、成功的乡村音乐艺术家们一起工作。

在图10.3中，你可以看到年轻的音乐工作者与歌迷选出的顶尖的音乐艺术家的坚韧性得分。

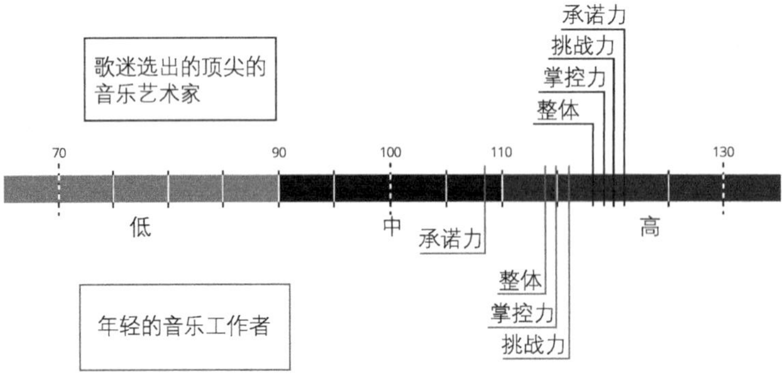

图 10.3　歌迷选出的顶尖的音乐艺术家和年轻的音乐工作者的坚韧性得分

虽然顶尖艺术家在所有坚韧性因素中得分较高，但两者最大的不同体现

在承诺力方面。顶尖艺术家具有极强的目的性，并坚信自己从事的工作是令人振奋的。他们完全沉浸在自己的音乐事业里。显而易见，这些艺术家勤奋工作，并将尽一切努力取得成功。

请思考一下你对工作的承诺。你愿意付出多大努力来获得成功？事业有成对你来说究竟有多重要？

运动员的坚韧性

研究人员最近一直在探究坚韧性在高水平或精英运动员中的作用。他们研究了坚韧性在奥林匹克运动员、职业运动员、大学和高中运动队、社区或小联盟运动队等不同级别运动员中的作用。我们从奥林匹克运动员那里了解到一些关于应对压力或高风险比赛的经验和教训，经过提炼、总结和修改，可以供喜欢运动和锻炼且水平不一的人们借鉴使用。

科琳·哈克博士是美国华盛顿塔科马太平洋路德大学的运动学教授，以及美国国家女子足球队、冰球队和曲棍球队的心理技能教练。哈克博士曾经代表美国出战第10届世锦赛和第6届奥运会。基于她与优秀运动员的合作经验，她强调："帮助队员把认为是失败的教训重新构建为有益、有效的经验，是通向成功的必要基石，这一点尤为重要。"

她指出，对奥运冠军进行的研究表明，克服各种障碍、挫折和应对挑战的能力对于赢得金牌至关重要。具体来说，这些运动员具有很强的心理适应能力，包括一些关键的心理因素，如乐观、自信、专注、坚韧和对社会支持的感知力。她一直提倡对运动员进行坚韧性和适应性训练。同时，她也指出，将奥运会和其他高水平运动员的例子作为坚韧性和适应性的学习榜样，对于培养运动员的坚韧性非常重要。

培养运动员的坚韧性需要哪些关键技能呢？其中许多的技能都可适用于任何类型的项目。哈克博士强调可以练习并提高五项关键技能。

第一，要做的就是练习活在当下。在训练时，你要么“跑偏”（戴着耳机），要么“调准频道”。对于精英运动员来说，重要的是在训练或比赛时，内心要调准频道，也就是说，要学会活在当下。

与该技能相关的一项能力是自我觉察。当你的精神开始飘忽不定时，你需要将它带回当下正在做的事情上来。你的确可以在进行身体训练时让思绪游荡，但想成为真正伟大的运动员，你需要把注意力放在身体上，全神贯注；要充分觉察你的身体和情绪，以及它们对你的表现的影响。

第二，尽量不要在意环境或场地。有些运动员喜欢等待理想条件出现，以便发挥出最佳水平。哈克博士认为，这关乎于运动员适应环境的能力。超级碗比赛曾经在极端恶劣的天气条件下举办过。2007年，在美国迈阿密举办了第四十一届美国超级碗橄榄球赛总决赛，印第安纳波利斯小马队对阵芝加哥熊队。比赛期间一直下着蒙蒙细雨，迈阿密上空的降雨量为23.37毫米。虽然当天的比赛结果可能由多种原因所致，但无疑小马队比对手更能适应天气条件，最终小马队以29：17的比分击败了熊队。

第三，专注力必不可少。运动员为了保持比赛的最佳状态，需要全神贯注。在比赛中很容易被人群、焦虑，以及其他数不胜数的干扰因素分散注意力。哈克博士从专业角度提出了一个很好的例子。在2018年美国网球公开赛上，瑟琳娜·威廉姆斯和大阪直美对阵，比赛中，威廉姆斯与一名官员发生争执。当他们争论不休时，大阪直美避开正在发生的一切，摆脱了争吵对她的干扰，专注于思考比赛和制定策略上。

而威廉姆斯显得有些情绪激动，失去了对比赛节奏的控制。相反，大阪直美甚至看也不看发生了什么事，也不去听别人怎么说，她只是专注在自己及她能控制的部分上。最终赢得了比赛。这就是坚韧性–掌控力的一个例子。

第四，把出错看作一项日常行为。所有运动员都会犯错，这是努力改进表现过程中的一部分。航空公司飞行员在模拟器上训练时，经常会遇到紧急情况。针对意外事件做好准备，就会变得更冷静，当真正的错误或紧急情况发生时，就能更好地做出反应。

当在曲棍球比赛中向守门员射门而没有击中，在棒球比赛中两次击打，或者在篮球比赛中没有命中篮筐时，在教练的指导下，顶尖的运动员就会形成有意识地避免出现可能影响他们表现的负面情绪。相反，在出错后，他们会练习并掌握心理或生理上的习惯反应或动作，为下一次比赛的成功打好基础。这些仪式性的动作有快速紧握两下双手、向右摇头、耸耸肩膀，或者使用自言自语式短语，如“好的，知道了”“随它去”或“继续”。这些仪式性动作或短语成为了一种暗示，让人头脑清醒，并焕发活力。对一些球员来说，这些仪式甚至能激发他们的动力。

第五，与其专注于胜利，不如专注于过程。运动员遵循自己的策略了吗？在需要加速的时候加速了吗？是否完成了一次很棒的传球呢？作为比赛的一部分，保持愉悦的心情是非常重要的。在比赛中，不忘庆祝那些小小的胜利，并时刻留意你做得好的地方。关注积极的方面，可以让自己处于良好的情绪状态，并持续地激励自己。

坚韧性能否区分出顶尖运动员

在区分不同水平的运动员方面，坚韧性起到了什么作用呢？我们知道，所有运动项目都有体力和技能级别，而坚韧性对运动员有什么作用呢？英国的一项研究对16个不同运动类别的1 566名运动员的个性特征进行了观察。这些样本为参加国际、国家、县/省和俱乐部/地区级别比赛的运动员。

这些运动员都接受了坚韧性评估。研究人员发现，参加不同竞赛级别的运动员的坚韧性有显著区别。国际级别参赛运动员的得分比其他级别参赛运动员高。即使针对年龄、运动类型和性别调整得分，这种差别仍然存在。

根据坚韧性理论，坚韧性的三要素得分高的运动员表现出一种活跃模式，即勇于直面困难的、难以预测的情境，并尽力将其转变为成长机遇。观察运动员特别是最高级别的运动员所面对的压力情境是非常有趣的。这些情境包括担心表现不佳、受伤、影响高水平发挥的持续压力、被除名或落选、教练压力、频繁和长久的训练课程、人际冲突及公众、社交媒体的监督。

另一项研究是针对不同技能级别的橄榄运动员的。在这项研究中，研究人员调研了115名职业橄榄球运动员，这些运动员分别是来自代表英国最高级别的三大赛事的运动员，分别是国际比赛、超级联赛和一级联赛。国际比赛的球员有最高水平的坚韧性，包括承诺力、掌控力和挑战力。他们在掌控力上的得分明显高于一级联赛的球员，在承诺力和挑战力上的得分也显著高于两个亚精英组。

国际比赛的运动员的掌控力得分越高，表明他们越能积极地影响比赛结果。此外，这种掌控力可能让他们以一种更放松的方式看待竞争激烈的比赛。至于承诺力方面，国际运动员表现出更高的组织水平和参与度。挑战力得分较高意味着他们可以将潜在的困难情况视为机遇和职业发展的机会，而不是威胁。研究者认为，国际比赛的运动员能够更好地应对重量级别体育赛事的巨大压力，并保持高水平的竞技水准。

在研究中，另一项有趣的发现是：坚韧性比运动心理学家一直研究的“心理韧性”的概念更为重要。心理韧性与毅力类似，已有多种不同的定义，心理韧性这个术语一般包含以下七项属性：

1. 自信：相信自己可以有出色的表现，并获得成功。

2. 管理负能量，有效处理诸如害怕、愤怒和懊恼这样的负面情绪。

3. 管理注意力，即专注。

4. 视觉化和意象控制，即积极思考，并在脑海中具象化。

5. 激励，即有意愿坚持下去。

6. 正能量，即感到乐趣并享受过程。

7. 态度管理，即坚强不屈、百折不挠。

坚韧性的三个方面能够按重要性顺序区分运动员级别，其中，承诺力占46%，掌控力占35%，挑战力占19%。另外，心理韧性的差别只是9%（管理负能量）和6%（掌控注意力）。这意味着承诺力，即运动员在运动中的参与度，是决定你在这项运动中能达到何种程度的重要因素。顶尖运动员对自己从事的运动项目做出坚定的承诺，即以训练和比赛为核心，来安排自己的生活。并且，他们相信自己对状况的掌控程度。

坚韧性对青少年优秀运动员的意义

我（史蒂文，本书作者之一）曾有机会与10名14~16岁的青少年运动员合作，这些运动员的运动成绩在全国排名靠前。他们各自参加不同的竞技体育项目，在世界（或未来的奥运会）上被认定具有高度的竞争力。我们使用坚韧性弹性量表测试了他们的坚韧性，然后随机选择121名的同年龄青少年作为一组，比较他们的得分，如图10.4所示。如图10.4所示，最显著的差异之一是他们的承诺力得分。优秀的青少年运动员需要将大量时间投入学习之外的训练，有些人每天的训练量甚至达到5小时。有些人早上8点去上学，晚上9点以后才回家。虽然这种拼搏精神为他们带来了比赛胜利、国家荣誉、企业赞助和其他回报，但代价是牺牲了家庭生活和社会生活。

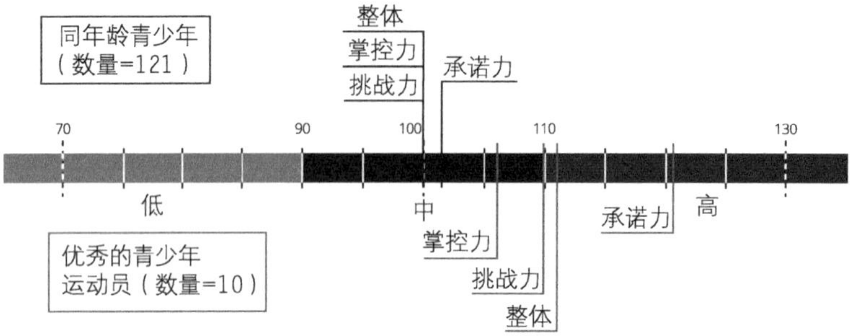

图 10.4　优秀的青少年运动员与同年龄青少年对比

坚韧性和焦虑对运动员的影响

多数人认为，焦虑是运动比赛中的正常现象。事实上，已经有很多研究开始调研运动员是如何缓解焦虑的。经过一系列的研究，研究人员调研了坚韧性在不同运动中的作用。结果发现，顶尖运动员和高水平运动员与其他的运动员在坚韧性方面不同。坚韧性使运动员增强了对压力情境的适应能力，因而顶尖运动员出现身体焦虑（如胃痛、发抖、出汗和紧张）的程度较低。

此外，面对即将到来的比赛，优秀的运动员对于身体出现的反应做出正向的解读。换言之，大多数人认为焦虑是一种负面情绪，而高坚韧性的优秀运动员则认为：焦虑有助于他们的发挥。他们承认自己在赛前会焦虑，但他们把焦虑当作生活中的一部分，焦虑感会提升专注力，并让自己更加努力。对他们来说，赛前焦虑在某种程度上就像朋友一样。人们通常认为焦虑是消极的情绪。然而，研究发现，优秀的运动员把焦虑视作有助于赛场表现的情绪。研究表明，这些运动员能够从容面对焦虑情绪。他们将焦虑引导到积极正向的轨道上，帮助自己为比赛做好准备。

同一组研究人员进行了更深入的研究，以便更好地了解优秀的运动员如何将焦虑转化为正能量。他们观察了那些坚韧性得分高或得分低的运动员，然后比较他们应对与比赛相关的压力时的不同表现。研究人员再次发现，高坚韧性的运动员通常比低坚韧性的运动员感受到的焦虑感更少，相反，对自己拥有更多的信心。而且，那些高坚韧性的运动员认为压力情境的威胁较小，低坚韧性的运动员则认为压力情境的威胁较大。

为了进一步解释原因，研究人员调研了运动员的焦虑和他们的应对方式之间的关联。研究发现，坚韧性和运动员不同的应对方式之间有直接的关联。高坚韧性的运动员采用更多的规划和策略、积极应对和努力达成目标，并且可以看到，相比低坚韧性运动员，高坚韧性运动员使用这些策略应对压力情境时更为有效。一个特别有价值的发现是优秀运动员明显有能力将焦虑看作对比赛表现的帮助，而非障碍。

这些运动员的积极规划包括哪些要素？包括有制订行动计划，认真考虑采取哪些步骤来应对处境，并且花时间思考计划。积极应对包括尝试做与比赛相关的事情，一步一个脚印，采取直接行动应对挑战，以及尝试不同方法。具体的努力指的是积极尝试，提升赛场表现，刻苦训练，采取直接行动加以改进。

赢得美国网球公开赛

想象一下这个情景：一位19岁网球女选手第一次参加世界上最大的网球巡回赛，即在纽约举行的美国网球冠军公开赛。比安卡·安德列斯库，这位来自加拿大的19岁选手闯入了决赛，现在要对阵世界上最优秀的网球选手瑟琳娜·威廉姆斯，这位深受球迷喜爱的美国选手即将打破大满贯冠军纪录。

我们从职业运动员那里了解到，竞技运动最具挑战性的一方面就是要应对观众向你发出的各种噪声。在2019年9月7日的这个星期六，19岁的比安卡·安德列斯库就要应对雷鸣般的噪声。观众对于这位19岁的加拿大选手并不买账，对大多数美国网球球迷来说，她毫无名气。比安卡面临着巨大的压力。

然而，即便形势对她很不利，比安卡以惊人的沉着投入到比赛中。她在整个比赛过程中势在必得。她以6：3赢得第一局。她在第二局的开始依旧保持领先，而后瑟琳娜追了上来。在这种情况下，多数运动员都会被压力击垮。然而，比安卡再次反超，最终以7比5获胜。

有趣的是，就在一个月前的加拿大网球锦标赛罗杰斯杯上，我（本书作者之一史蒂文）观看了比安卡与另一位加拿大“希望之星”尤金妮·布沙尔的比赛。在那场比赛中，比安卡保持了沉着，主动发起进攻，精确地打出势大力沉的落地球、深度弧线球和吊球的组合。最终她击败了对手。

在赛后采访中，比安卡谈到母亲对自己的帮助。她定期练习冥想。在16岁的时候，她开始使用视觉化方式，想象着自己赢得美国公开赛的胜利情景。

多年前，比安卡在一张模拟支票上写下了自己的名字和想要赢得的美国公开赛奖金数额。在美国公开赛获胜之后，比安卡接受CNN记者的采访，她说：“2015年，在我赢得橘碗（Orange Bowl）的几个月之后，我才真正感觉到自己可以在这项运动中大展身手。”

“因此，就在那年，我拿出一张支票，并在上面写下我期待的奖金。而且，我每年都会持续调高奖金的数额，而我就从那天开始，一直在脑海里想象着赢得比赛的时刻。”

比安卡最终赢得了385万美元奖金。她采用了视觉化想象和冥想来提升自己的专注，同时切断自己在面对非常景仰的选手—瑟琳娜时的害怕心理，屏蔽了纽约观众为瑟琳娜加油的声音。

比安卡是高坚韧性运动员的优秀代表，她以积极的方式应对压力，让自己变得更具进攻性，并且不失去控制。很少有运动员在19岁时就能够取得如此的绝妙平衡。

培养冠军

任何体育项目的冠军运动员都要跟随他们的教练，进行持续的训练。教练的一个重要角色是培养运动员的适应性或坚韧性。怎样才能培养运动员的坚韧性呢？我们从顶尖运动员身上所学到的能应用到日常生活中吗？

目前，市面上有一些发表的研究文章，内容是有关培养和提升运动员复原力的教练的特征（Kegelaers&Wylleman,2018），在对奥运教练的研究中，研究人员发现影响运动员复原力的措施，可分为主动式和反应式。主动式指的是主动应对压力的措施，反应式指的是压力过后的措施。

在压力事件（如大型比赛）之前的应对策略包括培养动机、心理准备和促进生活平衡。待压力事件（如比赛）结束后，教练专注于评估挫折、促进积极心态，以及经验总结。

我（本书作者之一史蒂文）曾经对指导过比安卡的教练阿雷夫·贾拉利进行了访谈，从而更多的了解到如何培养出一名世界冠军，阿雷夫是比安卡11~15岁时在加拿大网球队的专职教练，曾随比安卡在世界各地旅行、训练并指导她参加锦标赛。

谈到比安卡，他说，当比安卡进入加拿大网球队，他作为专职教练指导她的时候，比安卡已经具备了坚实的精神基础，包括她母亲在视觉化方面发挥的作用。美国网球公开赛之后，在采访时，我询问阿雷夫是什么原因让他相信比安卡会成为冠军，阿雷夫毫不犹豫地回答 “精神强大”，也就是我们所指的坚韧性。

在我们采访阿雷夫的时候，阿雷夫说在比安卡12岁的时候，就觉得她会成为一名能够赢得大满贯冠军的世界级选手。当时他对其他优秀的网球教练说这些的时候，别人还难以置信。在比安卡赢得美国网球公开赛后，他收到了这些教练发来的祝贺短信。

阿雷夫告诉我们，年轻运动员的另一项重要素质是学习能力。当他指导运动员在球场上完成一组具体动作时，有些运动员往往很快完成，而另一些运动员一脸困惑。阿雷夫明白显然他们还没理解。比安卡在11岁的时候就能够出色地领会他的指导。这正是坚韧性，即挑战、适应能力、好奇心、尝试新事物。他还告诉我们，她意志顽强，坚信必胜。

阿雷夫解释了他在运动员训练中对视觉化的运用。他让选手们每天练习15分钟，让他们想象赢得比赛的情景。然后他让他们以此往回推，一步一步想象他们取得胜利的方式。阿雷夫告诉他们："思考你们的身体，考虑所有将要发生的情况，你将如何克服挑战，想想你将如何以六比零击败这个家伙。"他告诫选手们在最关键的时候，也就是情绪低落时要专注、成功画面视觉化和转移情绪。

精英教练的一个重要体现就是他们自己的坚韧性。在这种比赛级别，精英教练不仅要处理运动员的问题，还要面对家庭成员、网球组织、赛事总监、媒体、网球俱乐部等其他方面的问题。处理好这些问题需要大量的精力和人际关系技巧。

我们觉得，测试教练阿雷夫的坚韧性会很有意思，因为他在访谈中给我们留下了深刻的印象。他对网球领域知之甚多，而且表现出和他所谈及的顶尖运动员一样的坚韧性。图10.5显示了他的坚韧性弹性量表。

坚韧性弹性量表

阿雷夫·贾拉利
2019.9.17

整体坚韧性得分：131

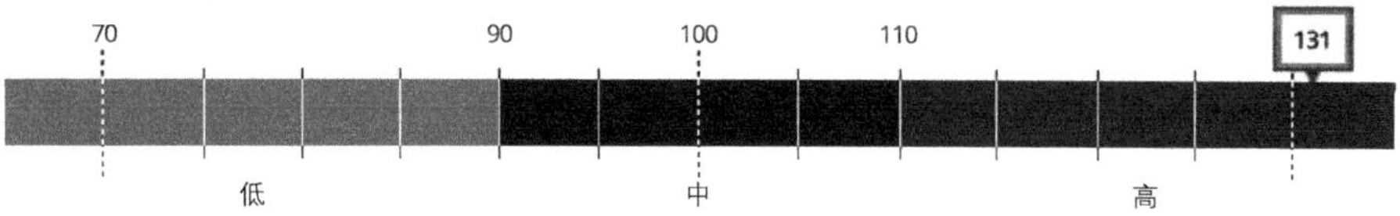

得分解读：

- 你的整体坚韧性得分在高分区间。
- 你有很强的能力，能从容应对压力和处理意外及突发状况。你的高坚韧性水平会保护你免受压力的负面影响，你有能力对压力和突发情况做出适当且健康的回应。
- 你有应对压力所必需的能力。举例：相对于忽视或回避压力情况，你更倾向适应压力并且消除它。

坚韧性分量表

挑战力：127

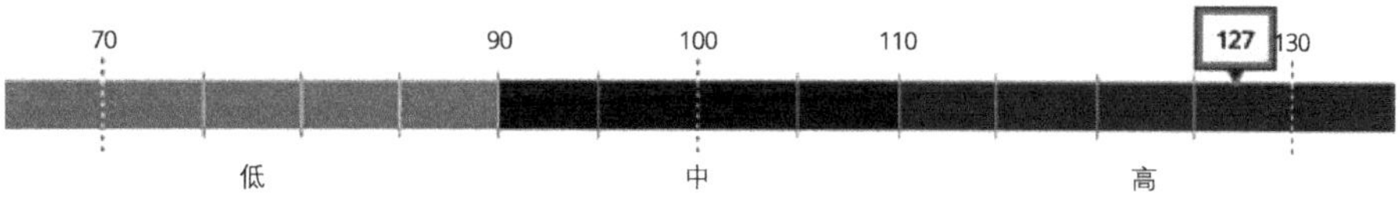

掌控力：130

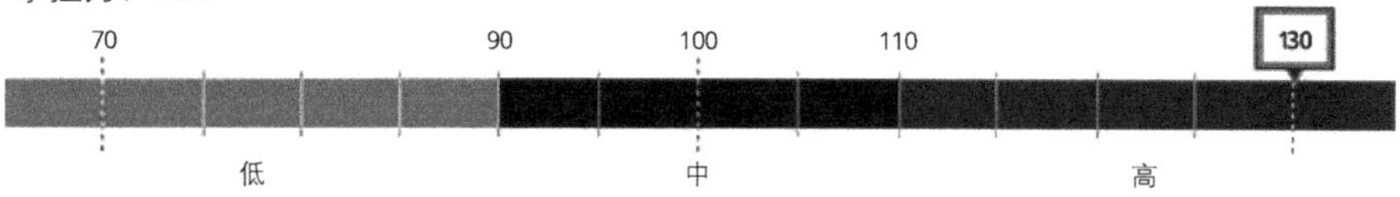

承诺力：127

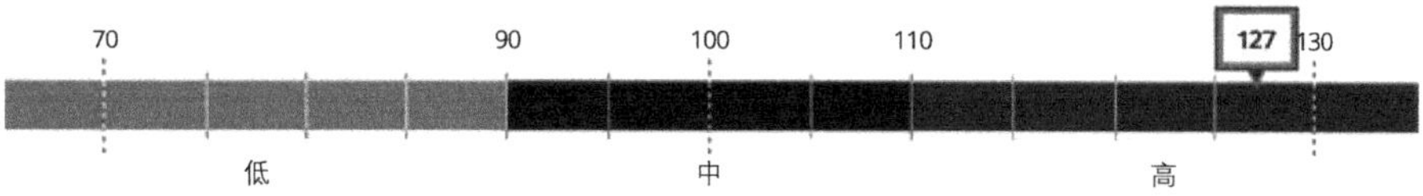

在接下来的页面中，你将发现更多关于你的挑战力、掌控力和承诺力得分的信息。在你通读个人报告时，想想看在你的日常生活中，你是如何看待这些坚韧性品质的。如果你选择执行我们为你推荐的发展策略，就可以确保你在面对压力和变化的情况时为成功做好准备。

图 10.5　阿雷夫·贾拉利的坚韧性弹性量表

可以看到，阿雷夫具有极高的坚韧性。他的最高分是掌控力。作为年轻运动员的教练，阿雷夫关注运动员的各个方面。他相信运动员要想取得好成绩，就必须做到生活自律。他坚信严格的时间表和管理制度，他说如果队员在下午3点进行比赛，他会在早上6点叫醒他们开始当天的常规活动。

阿雷夫的挑战力和承诺力的得分也很高。他努力培养运动员借助视觉化克服逆境的能力。他和自己的队员一样致力于获胜。他告诉我们，当比安卡在美国公开赛第二局输给瑟琳娜时，他就知道她会扳回来，因为从12岁时她就是这样被训练的。

视觉化：更深入的探索

本·法尔肯斯坦是一位顶尖的网球教练，曾训练过许多顶尖网球运动员，也专注于培养预备运动员（6~12岁）。他告诉我们，有前途的年轻运动员早期就在运动项目各个方面的能力上都得到了训练，包括技术、战术、身体（适龄）、休息、睡眠、营养、学习方法、心理游戏和视觉化想象。他把坚强的精神、克服挑战的能力、视觉化想象及学习能力作为区分优秀运动员和顶尖运动员的要素。

本在每一天都会指导他的运动员练习视觉化。但是，如他所述，视觉化不仅是运用想象力。

“如果他们在朝着一个目标前进，我会帮助他们将目标本身及实现目标的过程进行视觉化。”视觉化练习背后有一个完整的方法论。如果处理得当，它就不仅是一种思维到眼睛上的东西。“这是一种思维到肌肉、思维到动作的能量。他们可以在头脑中和身体里感觉到这种能量，让自己恍如置身于体育赛场中。”

对于11~12岁的有潜力的年轻运动员，本让他们想象自己赢得美国网球公开赛、温布尔登网球公开赛等大型比赛的感受。他让他们去感受那种抱着奖杯、听到欢呼声的场景，感受微风拂面、眼中含着泪水、踩着草地的画面。这种视觉想象埋下了激励运动员的种子。

他们不只是想象这些画面，还就这些画面进行自我对话。“他们想象自己站在发球线上，目光穿过球网，想象发球的弧线，并且对自己说‘球打在内线，反手击回’。”这是一种动态的感受，辅以文字和对话。

本说他喜欢从大画面过渡到小细节的过程。“我要参加这次比赛，这就是球场的样子。我清楚每次击球和球弹起的样子。”他们可以看到自己心里感受到的每件事情，然后把它们带入比赛细节中。比如说他们要对阵一位左撇子选手，想要打他的反手。他们就会习惯打一个左撇子的反手。

“我让他们想象站在他们面前的是一位左撇子选手，将球打过来一个反手，这些在他们的身体里是什么感觉，击球的线路是什么，对手有什么反应。所以，那一刻我在寻找特定的场景，比如说体育场的场景。”能将这个过程做好，就能将顶尖的运动员从优秀运动员中区分出来。

运动员、坚韧性和心流

我们在前面章节谈到过心流。当你处于那个“区域”中时，心流让你达到的正向心理状态。优秀运动员中的顶尖运动员往往能达到这种状态。心流是当你所具备的能力足以让你应对面临的挑战时所体验到的一种心理状态。

研究人员确定的心流特征包括：

- 行动与意识的融合
- 掌控感
- 快速聚焦
- 清晰的目标和反馈
- 自我意识丧失
- 时间转换

- 挑战–技能的平衡

心流体验的发明者也称其为“自成目的”。从本质上来说，这意味着产生心流的活动（如游泳、跑步、攀岩等）是为了自身的目的而进行的。也就是说，从事这些活动本身就是真正有意义的回报。这并不是为了获胜，或者得到报酬或认可。心流的发生非常纯粹，你必须热爱跑步、游泳、打网球、打篮球等活动。韦恩·格雷茨基，史上最伟大的曲棍球运动员之一说：“让一个孩子想要练习的唯一方式就是，练习本身对他来说是有兴趣的……对我来说就是这样。”

研究人员在一项开创性研究中研究了心流与性格特征（如坚韧性和乐观）之间的联系。例如，心流的哪些方面与坚韧性有关？如果我们能够构建坚韧性，我们就可以提升心流体验。

研究人员评估了197名大学生田径运动员，其中大约一半是女性，一半是男性，包括美国国家大学体育协会的一级运动员、二级运动员和三级运动员。除了评测坚韧性和乐观，还评测了运动员的心流。研究人员发现，这些运动员经常在很多方面有心流体验。具体说来，他们经常接收到明确的目标、自成体验和清晰的反馈。他们经常感受到挑战–技能的平衡、控制、专注及行动与意识的融合。然而，他们只是偶尔感受到自我意识丧失和时间转换。

提到坚韧性，这些运动员表示，与挑战力相比，他们的承诺力和掌控力更高。他们在乐观方面的得分低于此前一项研究中的奥运会选手的得分，但高于其他大学水平的运动员。总体来说，坚韧性和乐观占了心流变化的近30%。也就是说，在构成心流的所有因素中，这两项因素约占1/3。提高坚韧性和乐观会大幅提升心流体验。乐观值占比高于坚韧性，而挑战力值占比最少。

令人惊讶的是，这项研究表明，挑战力与心流的频率没有强相关性。这主要是因为挑战–技能的平衡是心流的一个重要方面。然而，研究中使用的坚韧性指标将挑战力更多地解释为应对变化或不确定性，而不是生活挑战和个人技能之间的联系。

我们能从提高竞技游泳运动员的坚韧性水平中学到什么

从运动心理学的研究中，我们可以学到一件事，就是如何运用已经证明有效的技术来提高坚韧性，以有更好的表现。在运动心理学方面，许多研究检验了各种积极心理训练方法的有效性及其提高运动成绩的效果。这些研究考察了在许多不同类型的运动中使用这些技术的情况，包括网球、游泳、橄榄球、柔道、曲棍球、足球、篮球等。

有一个着眼于使用运动心理学家最广泛研究的五种技术来培养年轻游泳运动员的专项研究。这项研究检验了训练成绩（游泳速度）和心理效果。结果表明，不仅运动员的成绩有所改善，而且他们的多数心理因素也得到改善，包括坚韧性。在坚韧性评估量表的得分中，只有挑战力得分没有因练习而发生变化。

在本节中，我们将介绍这五种技术，以及如何使用它们以更好地应对压力事件。这五种技术分别是设定目标、视觉化、放松、专注和停止思考。

设定目标

运动员认为特别有用的一项技术是设定目标。虽然赢得世界冠军是件好事，但你必须考虑如何才能实现它。你可以从一个小而可控的目标开始。在体育运动中，这涉及结果、表现和过程的结合。从过程开始，思考并规划如何应对即将到来的压力情境。考虑当你面对这种压力情境时可以采取的步骤。

在实际面对这种压力情境之前，你可以多次演练这个过程。想想可以做的事情，以及每次介入的可能结果并演练这些步骤。做了几次之后，再考虑结果。获胜会怎样？会有怎样的感受？你会如何庆祝胜利？

充分演练这些步骤，在你面对这种压力情境之前就做好准备。然后，当你面对挑战时，想想如何做及之前演练的过程，并且专注在和你的表现相关的想法、感受和行为上。当你预演赛前和比赛中的情形时，要考虑做得好的益处。胜利会是什么样子呢？思考好处有助于激励你完成这个过程。

通过设定明确的、可实现的目标，能更好地迎接挑战。知道要达到的结果将帮助你保持在正轨上。而且，具有明确目标的人更有动力实现这些目标。增加动力可以为你提供成功的机会。设定目标就是通过明确“为何而战”来帮助建立坚韧性–承诺力。

视觉化

视觉化是运动心理学家成功运用在不同类型的运动员身上的一种技术。虽然视觉化的过程已经发生了很多变化，但是仅仅采用该技术的常用方法就可以受益。在许多情况下，可以将视觉化与放松练习相结合。

已经发现使用这项技术可以提高运动员的自信心和改善整体效果。视觉化可以帮助你更有信心地处理压力事件。只需闭上眼睛，想象自己面对产生压力的情境。最成功的运动员可以想象自己在竞技时的情景，想象自己在游泳赛场面对欢呼的观众和竞争对手的怒视，想象自己努力划水，尽可能平稳地完成转身的情景。你需要学会专注于当下的任务，而不受观众或竞争对手的干扰。

你可以视觉化自己面对一个即将到来的压力情境，想象自己平静而自信地面对这种情境，想象自己一步一步地处理压力事件的过程；你甚至可以增加意想不到的障碍，想象自己如何冷静应对这些障碍。你应当在一天当中的不同时间进行这种练习。你可能发现在早晨或晚上的视觉化效果更好。因为视觉化可以把自己看作情境的掌控者，从而有助于建立坚韧性–掌控力。

放松

读完这段文字后就闭上眼睛，放松下来。想象一个温暖的海滩，想象着海浪慢慢地拍打着岸边，你听到了轻柔的波浪声和周围鸟儿的叫声。

你可以多次练习这个场景，直到可以毫不费力地让自己处于放松的状态。一旦掌握了这个方法，你就可以想象自己正在逐步进行上一节设定目标的过程。当处于放松状态时，你会看到自己有条不紊地面对压力情境。将设定目标和放松相结合的能力帮助你构建自己的坚韧性–掌控力，因为这种能力不仅能让你看到自己掌控环境，还展现了自己如何冷静地掌控曾经是有挑战的或有压力的事情。

专注

你是否观看过大型体育比赛，比如篮球赛，当对方球员要罚球时，你会听到观众尽可能大声地嘲笑和喊叫？球员如何做到屏蔽这些噪声而成功投篮的？如果我们认为顶尖运动员一定擅长的一件事是他们能够集中精神或专注于当前任务。他们知道如何避免一切干扰，专注于比赛，避免受到负面结果的困扰。

一些顶尖运动员会专注于具体的身体信号，如心跳、呼吸或其他动态的身体信号。接受了这方面训练的跑步者显著提高了他们的跑步水平。因此当你练习面对压力情境时，注意自己的身体，专注于自己的呼吸。呼吸是否稳定？是深呼吸吗？是否呼吸太快？掌握你的最佳呼吸节奏，并试着保持稳定。当你需要更多的体力或能量时，就提高呼吸节奏。

停止思考

一些顶尖运动员倾向思考比赛中最糟糕的情况。如果我在山上滑雪时滑倒怎么办？如果我带着足球摔倒了怎么办？负面想法对你的表现毫无益处，它们会分散你的注意力，使你不能全力以赴。

停止思考意味着当你听到脑海中有负面声音时，立即抓住自己。一旦消极的想法开始渗透，你就要在脑海中想到“停止”这个词，然后用积极的想法代替消极的想法。采用这种方法需要你提前设计一系列相反的、积极的自我描述。如果提先计划并记住积极想法，你就会在需要的时候更容易回想起来。

因此，你可以准备好自言自语，比如，“我可以征服那座山”“我知道我可以带球跑得更远”“我知道我能进球”。通过专注于积极的想法，可以消除妨碍表现的干扰。一旦替换了消极的想法，运动员就可以培养出一种精准的、不易分散的专注力。这就是我们看到的运动员具备的最高水平的表现。

像我们展示的那样，演艺界人士和运动员处于需要高水平表现的环境中，都要应对巨大的压力情境。虽然每个人都有自己应对压力情境的方法，但我们通过提供一些研究和个人成功经验的例子，表明有一些方法可以有效培养坚韧性和提高表现。但是，并非每种方法都适合每个人，你应该尝试找到适合自己的方法。你可以通过尝试新的方法来提升自己的坚韧性–挑战力，从而应对高压情境。

第11章

坚韧性对应急响应人员的作用

"警察、消防员、急救人员，一旦有需求电话呼唤，就要每天奔波在外。"

——多琳·克罗尼，美国儿童绘本作家

一些职业群体经常因为承受巨大压力和随之而来的职业倦怠而被举为例证。因此，研究人员就职业倦怠级别和保护性因素对这些职业的从业人员集中展开了研究。这些职业很多都属于应急响应的工作范畴，包括警察、消防员、医护人员和急救人员。本章将探讨高风险公共安全职业人员经历的一些挑战。我们将特别关注警察和消防员。通过更多地了解这些高风险职业群体如何应对生活中的压力和创伤，我们可以掌握应对自身面临的挑战的更多方法。

坚韧性与治安

许多针对警察压力的研究关注点都在一线警务人员本身，比如来自巡逻、拘捕、传唤和组织层面的压力。那些在一线巡逻的警察经常要面对突发的实质威胁，不难想象在日常工作中他们要面临的一些威胁是什么样的。

有趣的是，一项对警察的研究表明，与记者、建筑经理和空中交通管制员等其他职业群体相比，警察没有表现出压力会带来更大的负面影响，如职业倦怠。另一项研究调查了3 000名警察之后，发现警察的健康水平确实高于医生。已经有研究表明，在警察中，坚韧性，特别是坚韧性–承诺力与较弱的抑郁和心理困扰相关。

研究还发现，当谈及各种不同类别的警务工作者时，对警方调查人员的关注比较少。调查人员所经历的压力被称为间接、主观的威胁。调查人员必须直接面对重罪受害者及其近亲，绘制犯罪现场图示，处理重大案件的媒体关注，以及法庭事务的准备工作和最后期限。在调研他们面临的各种挑战时，我们发现与创伤受害者打交道，是这些警方调查人员面临的最严重压力来源之一。

警方调查人员需要处理的创伤类型各不相同。例如，调查金融领域的犯罪，如盗窃，可能使调查人员直接面对那些承受了心理和情绪痛苦的受害者；攻击型犯罪的调查人员则要面对那些受到恶性人身攻击创伤的受害者，这种类型的犯罪动机往往是侵害性的，创伤类型通常涉及身体、心理和情绪方面。相比调查经济犯罪，调查人身伤害犯罪会导致调查人员承受更大的压力和出现职业倦怠。

挪威警方的一项研究观察了调查非暴力犯罪与调查暴力犯罪的警方人员在应对压力方面的差异。这其中既包括调查性侵和人身攻击犯罪的人员，也包括调查金融犯罪或环境犯罪等较小攻击性犯罪的人员。研究人员认为调查暴力犯罪的警方人员会更坚韧，主要因为更坚韧的人更可能选择更大压力的工作。他们还认为，一般来说，越坚韧的警察越不容易出现倦怠和其他身体症状。

这项研究总共调查了156名挪威警察，结果证实了研究人员的猜测。事实上，坚韧性是这些警察出现职业倦怠的一个强有力的预测因素。高坚韧性的调查人员对压力和职业倦怠具有更强的抵抗力。而且，暴力犯罪的调查人员比非暴力犯罪的调查人员的坚韧性得分更高。暴力犯罪的调查人员也报告出了更高水平的社会支持度、工作意义和个人健康问题。

在这项研究中，有关坚韧性指标的有趣发现是，在坚韧性的三个因素中，承诺力是这个群体职业倦怠的最大预测因素。它是防止倦怠的主要减缓措施，也是区分两种警察类型的最佳方式。暴力犯罪调查人员的坚韧性–承诺力得分明显高于其他警察。

很可能是暴力犯罪调查人员的高坚韧性–承诺力使他们能够将挑战性处境视为发展机遇，提升了他们解决案件的投入度，并将工作视为替受害者伸张正义。他们也能为其他人看来毫无意义的案件赋予意义。

两组调查人员的职业倦怠和病假量并无差异。然而，暴力犯罪调查人员的健康投诉明显多于另一组。他们反应了更多肌肉骨骼疼痛，这往往是导致大量缺勤的原因。不过，这组人员的缺勤率也低于抱怨的平均值。具有高坚韧性-承诺力的一组人员看起来可能的负面边界效应就是这些警察即使饱受痛苦仍会继续工作。

根据这项研究，坚韧的人有时可能对自己处理挑战的能力过于自信。反过来，这样可能导致忽视工作压力的信号，这便带来了主观上乃至最终实质上的健康隐患。

消防员应对压力的方式

消防员是在公共安全领域常规应对创伤情境的另一个群体。他们也被认为是精神健康问题严重的群体。研究发现，他们在以下方面具有高风险：滥用药物、抑郁、心血管疾病及死亡、创伤后应激障碍、工作有关的压力增加、受伤、工作满意度较低。

消防员和警察一样，要应对许多困难情境。尽管已有数十项研究评估了这些群体应对压力的传统方法，包括冥想、正念和放松，但很少有研究关注非传统的减压方法。许多方法倾向分散参与者对创伤性事件的思考或处理，或者完全避免压力情况。回避通常不是高坚韧性人的应对方式。经验丰富的应急响应人员应对创伤的常用方式之一是直接面对。

关于消防员如何应对压力的一个有趣研究涉及所谓的“绞刑架幽默”。研究人员将这类幽默定义为“黑色幽默或粗俗玩笑”。幽默是指以轻松或讽刺的方式对待严肃、恐怖或痛苦的主题，并适用于引起消防员或普通旁观者情绪反应的事件。

虽然这类幽默对许多普通市民来说似乎并不合适，甚至令人厌恶，但有些理论试图解释这种用法。例如，通过同行之间一起参与绞刑架幽默及开玩笑，许多消防员（也许还有警察）能够抵消工作带来的部分压力。同时，它也促进了与同事之间的积极关系和凝聚力。幽默能提高团队亲密度，增强支持感，并有可能成为释放累积压力的安全阀。

研究人员称，这类幽默至少可以涉及另一个人，很适合消防员彼此之间的交流。通过绞刑架幽默这种解压方式，可以使消防员远离实际创伤的同时仍旧参与到事件处理中。

洛杉矶的一组研究人员进行了一项有趣的研究，考察绞刑架幽默、其他应对机制、压力和坚韧性之间的关系。他们采用了早期版本的坚韧性弹性量表作为参考。调查问卷发给了3 600多名现役消防员，收回了1 000份完整回答。这是一个非常好的样本，因为它覆盖了一个大都市区域内的各种类型：郊区、市区、海滩和山区，还包括消防部门内的各种职位。

调查人员报告了许多发现，有些与坚韧性极为相关。面对创伤的最常用应对策略是有益于社会的方式，这包括同行之间的情谊和其他形式的社会支持。排名前三的自嘲式应对机制中就包括了绞刑架幽默。绞刑架幽默的使用与坚韧性高度相关。换言之，那些具有高坚韧性的消防员更有可能使用这类幽默应对压力或创伤处境。研究人员进一步指出，绞刑架幽默被归为其他应急响应人员的常用方式，包括警察、医护人员、军人和社会工作者。

另一项研究表明了坚韧性、幽默和健康之间的联系。一项有趣的研究观察了一组在伊拉克和阿富汗冲突中受重伤的军人的坚韧性、幽默和应对能力。研究结果表明，高坚韧性的受伤士兵使用了更多的幽默，这在一定程度上是阻隔不愉快的想法和情绪的一种方式。

再举一例，在对西点军校新生的一项研究中发现，高坚韧性的男性学员在应对压力时更多使用幽默，他们也很少查出健康问题和住院治疗。所以，当应急响应人员使用绞刑架幽默，可能在一定程度上有助于保持工作专注，而不会过多沉湎于所看到的沮丧和可怕的情况。

坚韧性和凶杀案警方调查员马克·门德尔森

马克·门德尔森是加拿大第二大警察局多伦多大都会警察局（最大的是加拿大皇家骑警）的首席调查员，负责100多起凶杀案的调查和法庭起诉。你见到他时可能误以为他就是电视上那个完美的警察。事实上，他现在会花一部分时间在电视上对当天的重大犯罪进行评论。他仍然在做调查和上庭，但现在他通过自己的调查机构进行调查。

马克个头很高，但并不出众。他非常友好、和蔼、积极，还有点低调。我敢肯定，他调查过的许多人在第一次与他见面时都误认为自己比他更聪明。幸运的是，现在他们中的许多人正在监狱里享受自己的“美好时光”。

我们向马克询问的其中一个问题是，他觉得警察压力到底有多大？他说，凶杀案工作最紧张的部分是调查的最初阶段。在调查的最初阶段，长达72小时不眠不休的情况并不少见，特别是有已知在逃的嫌疑人的情况。

此外，死者家属给调查人员带来很大的压力，调查人员要应对他们的焦虑和愤怒。这些家庭从未经历过像谋杀这样的事件，这一事实意味着他们不懂得需要花时间进行正确且合法的调查。他们先入为主地以为像电视节目那样不到60分钟就可以解决这些问题。

另外，如果没有正确地引导媒体并获得他们的尊重，那么在一个高度关注的谋杀案中，媒体造成的压力可能是压倒性的。像往常一样，总有一些高级官员，比如最高负责人总是不断地询问，他们希望及时获取重大事件的最新消息，而媒体也会试图对他们突然袭击。

漫长而备受压力的调查

为了体会在应对这些可怕的情境时是什么感受，我们问马克，对他来说，最大的一场“胜利”是什么样的。他形容自己最大的胜利是1995年调查的一起双重谋杀案。两个女孩，是一对姐妹，一个16岁一个19岁，她们俩在地下室被失恋的前男友及他病态的表弟杀害。女孩们的名字叫玛莎和塔米·奥蒂，两名被告的男孩叫罗恩·兰杰斯和阿德里安·金基德。

调查耗时六个月才逮捕他们，并且进行了两次审判和一次上诉，历时数年才结案。在谋杀案发生后，金基德还杀害了一名地铁售票员，并残忍地强暴了9名妇女。

马克在迈阿密抓到金基德，在牙买加的金斯敦抓到兰杰斯。最后，他们都被判无期徒刑，金基德一旦出狱，将被驱逐回牙买加。结果算是令人满意的，因为他们是冷酷、精明的杀手。这些受害的女孩如同天使。马克说在他曾参与的谋杀案中，这个案件中受害者的父母是他遇到的给予了最大支持的父母。

评测马克的坚韧性和情商

我们请马克进行坚韧性弹性量表评估和EQ-i 2.0评估。结果如图11.1所示。

坚韧性弹性量表

马克·门德尔森
2019.5.24

整体坚韧性得分：110

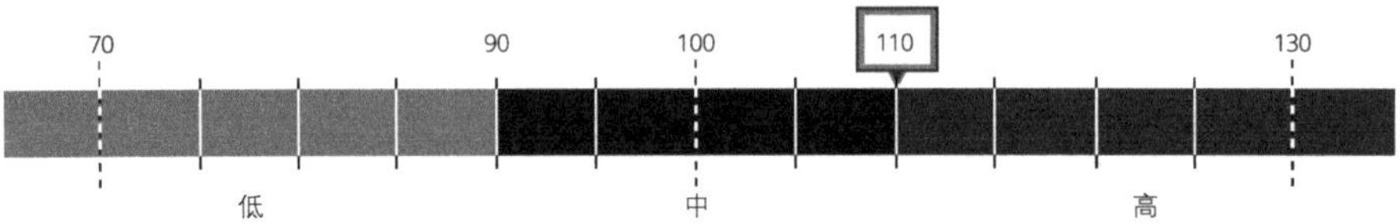

得分解读：

- 你的整体坚韧性得分在高分区间。
- 你有很强的能力，能从容应对压力和处理意外及突发状况。你的高坚韧性水平会保护你免受压力的负面影响，你有能力对压力和突发情况做出适当且健康的回应。
- 你有应对压力所必需的能力。举例：相对于忽视或回避压力情况，你更倾向适应压力并且消除它。

坚韧性分量表

挑战力： 118

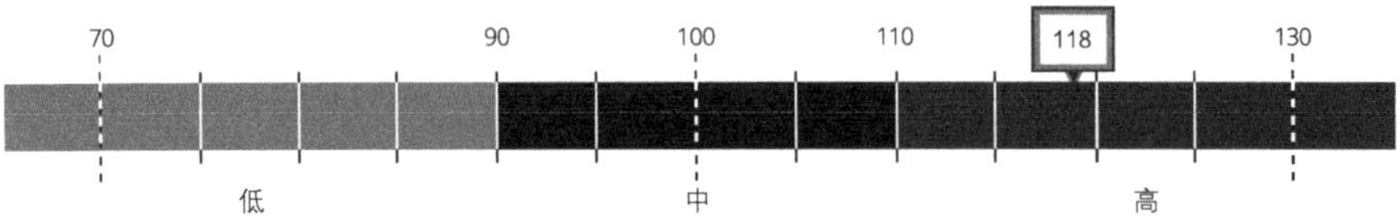

掌控力：98

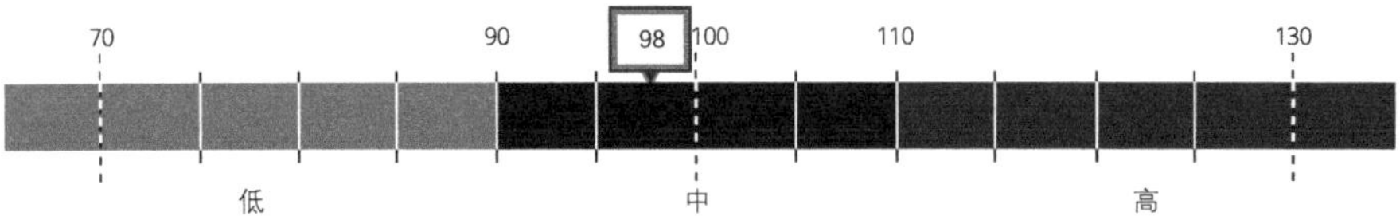

承诺力：111

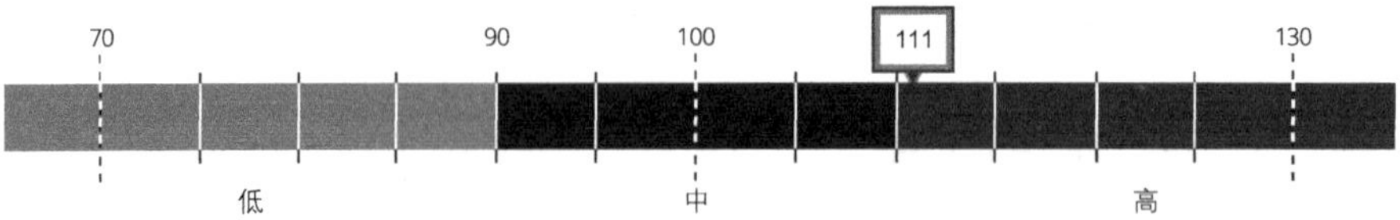

在接下来的页面中，你将发现更多关于你的挑战力、掌控力和承诺力得分的信息。在你通读个人报告时，想想看在你的日常生活中，你是如何看待这些坚韧性品质的。如果你选择执行我们为你推荐的发展策略，就可以确保你在面对压力和变化的情况时为成功做好准备。

图 11.1 马克·门德尔森的坚韧性弹性量表

马克的最高得分是他的挑战力因素。作为一名调查员，其职责是寻找线索和解开谜团。要做到即使遇到障碍，或者走到错误的道路上浪费了时间，还能继续前进，就需具备坚韧性–挑战力。此外，在这个领域获得成功很大程度上是因为一旦发现自己走错了路，就要改变方向。高度的毅力会让你持续保持动力，而坚韧性–挑战力就是让你知道什么时候出现问题，并且能采取一种不同的方法。

坚韧性–挑战力的一个重要能力是将一个压力事件或情况重新定义为一种更易于管理的思考方式的能力。如果只关注某件事有多大压力或多么可怕，我们就不会有动力去解决它。如果改变思考的方式，我们就可以继续向前，并尝试解决问题或前进。正如前一节所指出的，改变心态模式的其中一种方法就是幽默。在应急响应人员的案例中，我们发现了他们采用绞刑架幽默这种方式。除了思维重构，也需要强调社会支持的重要性，包括来自同行的支持。我们可以从马克提供的引述中看到这一点的效果。

我发现处理压力最有效的单一方法就是在调查过程中始终保持幽默感。它经常表现为“黑色幽默”，但具有至关重要的减压效果。此外，要从调查工作中抽离出来，哪怕一个小时左右，躲起来吃个饭，和搭档喝杯酒，谈论一些完全无关的事情。你的同事是最好的消遣者，因为他们经历过、见过并且做过。

马克的第二高分是坚韧性–承诺力。从事这种应急职业工作是因为你相信自己的使命。你当然不会为了发财而成为警察、消防员或医护人员。它与钱无关。你冒着生命危险做这种工作，是因为你带着使命感。马克在他的工作中肯定体现了这一点。尽管谨慎小心，但是在危险的工作环境中，警察永远不知道什么时候会中弹。

马克的坚韧性–掌控力得分位于中间范围。我们再次看到了在一定规则范围内工作的人员所处的情境。当今的警察受到严格的制度约束，例如，如果你在实施逮捕时不遵循某些规程，你可能让自己、案件和警察机构处于风险之中。此外，如前所述，在调查备受关注的犯罪案件时，你会受到来自受害者家属、媒体和警察局长的压力。实际上，这不是一个可以随心所欲做选择的处境。

在情商方面，马克的得分与预期的一样，非常高。他的最高得分是灵活性。对于在一个非常有规则约束的环境中工作的人来说，这似乎是自相矛盾的。在没有适当的程序下，收集证据或讯问嫌疑人时犯错误可能导致输掉官司。而马克的灵活性体现在他能够以多种方式看待一个案件。如果你在一个案件初期通过有限的事实过快地得出结论，就可能对其他可能性视而不见。警方调查人员也许由于压力，往往太过频繁地紧逼嫌疑人。然后，他们就将重点放在针对嫌疑人定罪的证据上。他们有时会忽视一些重要的证据，这些证据可能让最初的嫌疑人免罪，或者引到另一个方向。马克在解决这些罪行方面的成功率在某种程度上可以归因于他的灵活性。

他的情商得分排在第二的是情绪自我觉察。这是指觉察到自己的情绪及这些情绪对自己来说意味着什么。我们从马克的能力中可以看到，他知道什么时候从调查中抽身，厘清头绪。一些调查人员，特别是那些具有高度毅力的人，即使可能没有成效，也可能继续调查。在遭受压力时，抽出时间和使用幽默都是调节情绪非常有益的做法。

马克的智慧之言

我们问马克有什么经验可以传授给那些刚刚开始从事警方调查人员职业的人。虽然他的建议是针对刑事调查人员的，但我们相信他说的一些话可以适用于任何人。

我在凶杀案组里培训了大量新警探，我一直在强调的真知灼见是一定要“考虑法庭”。换句话说，考虑你将如何在两年后的审判中回答问题，并接受调查技术的测试。尽可能把不那么紧急的任务委派给别人。凶杀案侦探天生就是控制狂，你必须学会信任你的下属，让他们承担一些任务。再强调一次，保持大笑。如果你筋疲力尽，不能清晰地思考，那就走出去，散散步或打个盹，然后以一种更好的心态回来。永远记住，这是你的调查，但不要害怕询问其他更资深的成员。不要停止学习。享受寻找猎物的乐趣，不要试图将某人如何能对另一个人或婴儿做一些可怕的事情合理化，而要试着了解这种心态并从中吸取教训。我一直教授的一个做法是让新人签订“荣誉豁免”。换句话说，你已经来到大办公室，你的工作做得不错，但要记住我们是一个团队，不要让你的自我意识妨碍团队。当解决了一个案件……那是我们一起解决的……不只是你。进入凶杀案组，你会自动产生很强的自我意识，但不要总想着这个！

坚韧性对选拔警察有帮助吗

很明显，对警察来说，坚韧性是一个重要因素。那么，在警察的选拔过程中使用坚韧性是否有意义？好消息是已经有人问过这个问题了，答案很有趣。在美国联邦战术执法评估和选择项目中进行了一项研究。

在这项研究中，一个专门负责国家安全任务的精英战术执法单位对71名经验丰富的男性执法人员进行了选拔和评估，为此，他们参加了为期一周的严格的身体和心理评估及选拔课程。在课程开始之前，他们都接受了早期版本的坚韧性弹性量表评估。

在整个课程中，候选人都要接受一些特性的测试，对他们的动机、体能、耐力、毅力、压力承受能力、领导力、执法技能（如射击技能）及小团队战术和外勤技能进行评估。这些测试都是在严格要求的条件下进行的，包括候选人被剥夺睡眠，不得不忍受艰苦的生活条件等。

在这71名执法人员中，只有43%~60%的人完成课程并最终被选中。在那些落选者中，35%的人（人数最多）由于不符合课程的表现标准而被淘汰。其他淘汰原因包括动机或态度差（20%）、生病或受伤（20%）、自愿退出（15%）和射击技术不达标（10%）。落选者的淘汰原因与坚韧性弹性量表上的得分没有差异，完全一致。对于由于身体原因退出的候选人不在进一步分析之列。

成功完成这门课程的候选人显示出他们的整体坚韧性得分明显比淘汰的候选人高。因此，对这些警官来说，坚韧性是军官在评估和选拔过程中成功的一个预测因素。研究人员计算出，在坚韧性得分上每提高1分，选中的概率就增加13%。

在坚韧性的三个要素中，坚韧性–承诺力是这些候选人成功的最佳预测因素。对于认知能力（智商类型）测试中得分较高的年轻警官和年长警官来说，这种坚韧性的预测效果尤其突出。这个结果很难解释，但可能与样本的大小有关。也许未来的研究使用更大数量的样本，有助于更多地了解这些差异。

从应急响应人员身上学到的

从事暴力犯罪调查工作的警方调查人员往往具有很强的坚韧性–承诺力，该因素使他们能够在一定程度上免受压力的影响。他们可以用一种看起来没那么有压力的方式重新定义情境。例如，他们将挑战性的处境转化为机遇。你会如何处理在自己生活中经受的一些压力呢?

可以先想想上一次你被某件事压得喘不过气来的情形，想象一下那种压力重重的处境，让这种画面闪过你的脑海。你感觉怎么样？如果你开始有情绪，那么请再次思考，尽量只考虑这些事件，不带任何情绪。在你的脑海中一个接一个地重演这些压力事件。

一旦你能够用最小或者没有情绪的方式去想象事件，你就可以开始给自己提出有关这个事件的问题。这种处境的哪些方面使你压力重重？你是怎样处理的？你又可以采取怎样不同的处理方式？如果处理方式不同，结果会怎样？这种情况产生的结果让自己或其他人学到什么？将来你会如何运用这种知识？

承诺力也与使命和意义有关。你具有使命感吗？你的工作对你来说意味着什么？我们可以看到，警察的使命是努力侦破案件，为社会带来正义，并保护受害者。但不止于此的是，他们为那些看似毫无意义的案件赋予意义。在工作中，你会如何去处理一些更恼人的任务并赋予它们更多的意义呢？

当你感到压力过大时，让自己短时间离开紧张的环境，让头脑清醒会有帮助。人们发现，社会支持在应对困难时极为重要。与周围的人分享你工作中的想法及家庭的支持也会很有帮助。另外，不要害怕大笑。你也许不需要，但是幽默可以帮助你渡过难关。在接下来的章节中，我们将看到更多的例子，说明坚韧性心态如何帮助人们度过困难时期，并在生活中取得更好的成功。

第12章

坚韧的领导者

“无论你当下的境遇如何，你在怎样的环境中成长，也无论你是否受过良好教育，你都一样可以成功。因为，比起点更重要的是你的勇气、刚毅和坚韧。”

——马云，中国商业巨头，中国最富有的人之一

坚韧性可以帮助你成为更好的领导者吗？越来越多的证据显示，答案看起来是肯定的。今天的领导者正处在一个形势变化比以往任何时候都更快的世界里。当环境越来越频繁地变化时，眼下看起来还不错的战略就可能成为一场彻头彻尾的灾难。哈佛大学教授罗恩·海菲茨认为，为了在这个瞬息万变的环境中取得成功，领导者比以往任何时候都更需要适应能力。海菲茨在《没有简单答案的领导力》（*Leadership Without Easy Answers*）一书中指出，真正具有适应能力的领导者充满好奇心，愿意尝试新方法，他们有着足够的勇气忍受变化带来的不适，并且有足够的决心坚持贯彻自己的想法。他们也意识到，光凭自己是无法掌控或管理好这么多纷繁复杂的任务的，因此，适应性领导者致力于打造一个具备这些品质的组织和团队来共同迎接挑战。尽管适应性领导力是可以通过学习获得的，但它其实根植于个人态度、行为和习惯。

坚韧性思维模式对一个人适应环境的能力有很大影响。正如我们所看到的，大量研究表明，在巨大的压力情境下，有些人依旧能保持健康的身体状态，并且有良好的绩效表现，是因为他们具备了承诺力、掌控力和挑战力这三个相互关联的品质，即坚韧性3C要素。

简而言之，承诺力反映了对世界的强烈兴趣和参与度，并秉持生活是有意义和有价值的理念；掌控力是一种信念，相信通过努力和行动，可以对结果产生重要影响；挑战力意味着具备好奇心，能够接受生活中的各种变化。在面对新的或不断变化的环境时，高坚韧性的人往往把挑战看作学习和成长的机会。他们也更喜欢积极地解决问题，采用应对性策略来处理变化。坚韧性显然与海菲茨提出的几项领导者适应性工作原则有关。最重要的是，坚韧性–挑战力确立了一种态度：高坚韧性的人期待甚至欢迎变革的到来。因此，高坚韧性的领导者更好地验证了海菲茨的第二条原则，即“识别适应性挑战”。作为一位高坚韧性的领导者，你能更快地察觉到环境中的重要变化，从而更好地识别出组织需要如何变化才能应对新的现实情况。

同样，坚韧性也能提升你的领导能力，能让你“站在瞭望塔上”，看到组织的各个层面都发生了什么。这是坚韧性–承诺力要素的一个主要功能，它能延展到生活的三个重要领域：社会世界、物质世界和心理世界，存在主义者称为共同世界、客观世界和自我世界。

承诺力高的群体通常同时关注这三个领域，因此更能用广泛的视角看待组织及其外部环境。这通常也与情商相关，因为高坚韧性的人不仅有社会意识，而且更能与自己的情绪反应合拍。随着对人们如何应对变化带来的压力有了更深刻的认识，作为领导者，要能够采取正确的步骤管理团队成员的压力，并且能采取正确的步骤在团队中调节压力，这是适应性领导者需要具备的另一项重要能力。

坚韧性–掌控力要素也促进了适应性的领导力，特别在授权方面，就像海菲茨所说：“把工作还给员工。”这与坚韧性–掌控力密切相关。高坚韧性的领导者充分理解掌控力的重要性，并且相信你的行动至关重要。因此他们有动力去寻找让更多层级的成员参与到决策制定中的机会，同时确保良好的双向沟通。

世界上最伟大的50位领导者

2019年4月版的《财富》杂志公布了他们评选出的全球50位最伟大的领导者。其中有许多你渴望见到的领导者，包括比尔·盖茨（慈善家，微软创始人）、萨蒂亚·纳德拉（微软首席执行官）、蒂姆·库克（苹果首席执行官）等。

同时，其选出了一些意想不到的领导者，比如南苏丹《朱巴观察报》

主编安娜·尼米里亚诺，公开与心理健康问题做斗争的劳埃德银行集团首席执行官安东尼奥·奥尔塔–奥索里奥，新西兰总理、刚晋级为新妈妈的杰辛达·阿德恩。

但最让我们兴奋的是这篇文章的标题，“这就是世界上最伟大的领导者都具有的情绪品质”。这种品质就是坚韧性。

研究指出，有一种性格类型叫“坚韧性”。它是由心理学家苏珊娜·科巴萨于几十年前在企业高管中发现的，后来在更为广泛的人群中进行过多次验证。坚韧的人不认为世界有威胁性，也不认为自己对重大事件无能为力；相反，他们认为改变是正常的，世界如此精彩多姿，而他们可以去施加影响，这个过程中充满着自我成长的机会。国防大学的保罗·巴托内上校对西点军校四年级学生进行了研究，发现到目前为止，坚韧性是预测学员（不论是男性还是女性）将获得最高领导力评级的最佳指标。

当然，我们很高兴看到这篇文章引用了我们的这项工作成果。

几十年的研究表明，坚韧的人只是不像大多数人那样感到有压力。因此，当年首席执行官萨蒂亚·纳德拉进行了一场史诗般的赌博，把微软的未来押在云计算上，以及洛杉矶公羊队的教练肖恩·麦克维把自己的职业生涯押在一种新的进攻方式上，他们之所以能够这么做，部分原因是他们不那么害怕。研究还表明，更好的是这些领导者可以通过他们的优先事项、建议和个人榜样，向他们所领导的人传授他们看待这个世界的方式。

这也正是我们下一节要谈的内容。

教练坚韧性

领导者可以做很多事情来建立自己和组织的坚韧性心态和行为，从而更好地适应变化。他们的重点应该放在坚韧性的3C要素上：承诺力、掌控力和挑战力。

坚韧性–承诺力指的是致力于内在的自我及周围的世界。领导者在整个组织中建立坚韧性–承诺力时，在很大程度上是通过传递强大而清晰的愿景来实现的。这意味着需要通过多种方法反复灌输愿景，以此作为重要方式来促进员工积极参与。接下来的步骤是寻求他们的意见和想法。

领导者还应该努力通过对组织内工作各个方面的接触、关注和好奇来树立承诺力的榜样。或许更重要的是，领导者应该花时间和精力与员工沟通，向他们解释自己在做什么和为什么做。当员工越了解所做的事情背后的总体目的和意义时，他们的责任感就会越强。

坚韧性–掌控力是一种信念，即相信一个人的行动可以影响自己生活中的事件及有能力影响世界。通过确保分配给员工的任务和职责在他们的能力和技能范围内，领导可以提高掌控力。太过简单的任务会让人感到无聊，而那些大大超出员工能力范围的任务会让人感到有压力和焦虑。无论在培训项目中还是在生产活动中，最好坚持一个循序渐进的计划，也就是先从小而可控的任务开始，随着员工技能和信心的提升，逐渐提出更加有挑战性的任务。通过这种方式，领导者创造了一种让员工感到安全的“抱持性环境”，同时在一定程度上推动他们离开熟悉的舒适区。

坚韧性的第三个C是挑战力，它包括对变化持积极的态度，对新事物和新情况保持积极的展望，以及对取得进展的可选方式和途径保持好奇。通过领导者的一系列行动和工作场所的政策，可以在整个组织范围内鼓励建立坚韧性–挑战力。这当中最重要也是最容易实现的也许就是领导者自己的榜样力量。

挑战力高的人喜欢变化，把变化看作学习和成长的机会，而不是害怕和回避。领导者应该在自己的日常生活中展示这种方式，尤其在工作中最容易被员工看到的地方展示。当遇到意外事件时，高坚韧性的领导者会表现出冷静的态度，并且热衷于学习和解决问题。他承担失败的结果，并努力做到当事情出错时不去责备。此外，高坚韧性的领导者愿意在不断变化的条件下调整和改变方法，并且尝试新的想法。

除了以身作则践行这些品质，适应性强、高坚韧性的领导者还会创造一个工作环境，奖励并强化全体员工的坚韧精神。例如，通过允许灵活的日程安排和时间表变化的策略来达到效果。下面是一些更具体的教练策略，用于在领导者和组织中建立坚韧性–承诺力、坚韧性–掌控力和坚韧性–挑战力。

建立坚韧性的教练技术

运用教练技术着手建立承诺力、掌控力和挑战力这三个主要的坚韧性要素。

坚韧性–承诺力

为了建立承诺力，鼓励领导者这样做：

- 每天花点时间想想什么对你来说是重要的和有趣的；反思你的个人目标和价值观。
- 努力提高某些重要领域的技能和能力。为你过去的成功和成就感到自豪。
- 关注你周围发生的事情和更大的世界：阅读、观察和倾听！
- 允许你的员工参与组织的政策和活动；寻求他们的意见和想法。
- 开展团队活动和促进凝聚力的活动，以增强对团队和组织的共同价值观的承诺。

- 要公平，不要给自己特权，不要偏心。当困难出现时，如减薪或长时间工作以完成生产任务，要平均分担困难，不要把自己排除在外。
- 定期与员工进行交流。到处走走，让别人看到你。
- 花时间和员工交流，解释政策和决议。员工越了解活动背后的目的和意义，他们的承诺感就越强。

坚韧性–掌控力

为了建立坚韧性–掌控力，鼓励领导者这样做：

- 把你的时间和精力集中在你能掌控或能影响的事情上，而不是浪费（徒增沮丧）在力所不能及的事情上。
- 分配与员工能力相当或略高于员工能力的工作，让员工充分参与并实现成功；这将提高他们的掌控力。
- 将困难的任务拆分成为可以管理的部分以便看到进展。
- 为员工提供完成指定任务所需的资源。

坚韧性–挑战力

坚韧性第三个C是挑战力，指的是对变化持积极的态度，对新事物和新情况保持积极的兴趣。要建立坚韧性–挑战力，鼓励领导者这样做：

- 不要遵循死板的时间表，允许变化和惊喜的发生。考虑让员工轮流做不同的工作，给他们一些变化，同时让他们了解整个组织（这也建立了承诺力）。
- 当失败发生时，首先问：我能从中学到什么？应该建议和鼓励那些在任务中失败的员工把这次经历看作一次学习的机会，一次改进的机会，一次下次做得更好的机会。

- 尝试新事物，承担合理的风险。虽然我们在生活中都需要一些稳定和惯例，但有勇气和意愿去尝试也很重要。这就形成了一种创新和挑战的氛围。

总体来说，这些方法可以助力领导者和工作团队坚韧性的提高。而这么做又能反过来帮助领导者创建一个更具适应性的组织。在下一章中，我们将更深入地探讨世界上最重要的领导力培训基地之一——西点军校的坚韧性和领导力发展。

第13章

西点军校的坚韧性

“我感觉自己75%的时间像困在绞肉机里，25%的时间像个摇滚明星。”

——新学员描述他在西点军校的第一个夏天

你有没有想过怎样才能成为一个好的领导者？你是否曾经有过这样的经历：为了完成一个项目，你不得不依赖他人的帮助？你自己想成为一个更好的领导者吗？在这一章中，我们将参观美国最重要的领导力培训基地之一——西点军校。我们将看看在这种高压力的环境下，坚韧性如何影响学员的表现，特别是他们作为发展中的领导者的表现。我们也会看看坚韧性如何帮助学员在压力的严酷考验中生存下来，并坚持到毕业。事实证明，我们还将看到坚韧性可以助你持之以恒渡过难关，成为一个更好的领导者。

作为一名指派到行为科学与领导力系的教员，我（保罗，本书作者之一）每天都与学生、顾问和研究参与者打交道。这是一个独一无二的机会，可以亲自了解西点军校学员的生活、挑战和压力。

欢迎来到西点军校

学员的体验始于某年6月下旬的“接待日”，即向新学员发放制服和装备，然后学员列队前往理发店理发。接下来是令人筋疲力尽的七周夏季野外训练，俗称“野兽兵营”，指的是新学员在那里所面临的恶劣环境。日子很难熬且管控严格，还有密集的体能和军事技能训练。有2%~3%的学员在这段时间退学。而那些幸存下来的人，在训练结束时，还要背着满满的背包行军12英里（1英里≈1 609米）。

在接下来的四年里，学员们必须仔细平衡他们的时间，以便在三个主要领域应对日常挑战：学业、军事和体能。随着时间的推移，他们要承担越来越多的领导责任。成绩表现的压力通常很大，几乎没有失败或休息的余地。因此，毫不奇怪，四年后毕业时，西点军校的大多数班级已经失去了约20%的原有学员。

7月，我和家人来到西点军校，当时正值将要毕业的那个班级的暑期训练中期。我们看着这些新学员跑过我们的宿舍，汗流浃背，在全副战斗装备的重压下弯着腰。一名高年级学员会在旁边陪跑，边喊边鼓励，还夹杂着嘲讽。

后来，当新的学员完成了他们12英里的行军时，我们正坐在总督府外的终点线附近。这是他们为数不多的几次获准与家人短暂见面的机会之一。许多家庭成员出来欢迎，为他们的子女欢呼。想到那些没能坚持到最后的学员，我觉得这里有一个重要的研究要做：是什么将那些成功的人和那些离开的人区分开来的？根据我之前对坚韧性和压力下表现的研究，我猜测坚韧性可能是答案的一部分。

成为领导者

我在西点军校的首要职责之一是管理一个长期的研究项目：跟踪一个西点军校班级整体学员从入学到毕业乃至毕业后的整个过程。我研究的核心问题是：不论是年轻的男性还是女性，学员良好的领导力和出色的表现得益于什么。尽管包括军队在内的各行各业都认为良好的领导力是成功的重要因素，但事实证明，很难预测谁会成为好的领导者，而谁不会。西点军校有许多发展完善的、衡量有效的领导能力的方法，这些方法主要基于管理者和同行的评价。

为试图预测良好的领导力结果，西点军校过往主要依靠认知能力测试，如SAT分数和高中GPA，以及高中的体育和领导活动。在这些传统的衡量标准中，只有大学入学考试分数（SATs和ACTs）显示出很大的作用，可以预测学员在学校的领导力表现，以及谁会退学，谁能坚持到毕业。为此我们进行了几项研究，试图找到其他因素，包括个性因素，或许可以解释谁能在西点军校苛刻的环境中生存并茁壮成长。

在一项研究中，我测试了几种认知和非认知（人格）测量方法，看看可能的话，哪种方法可以预测学员在学校的领导力表现。认知测试包括逻辑推理、解决问题、空间智能、心智旋转任务，以及语言和数学能力的入学考试。人格测试包括早期版本的坚韧性弹性量表，社会判断（在社交场合做出适当判断和反应的能力），价值观和几个所谓的“大五人格”因素（情绪稳定性、外向性、宜人性、开放性和责任心）。

领导力是通过学员在军校整整四年的军事表现等级来仔细评价的，主要由主管上级根据领导力技能来评定，通常包括这样几个方面：影响他人、顾全他人、计划和组织、监督、授权、决策、培养下属、团队合作和沟通技巧。

结果表明，大学入学考试和坚韧性首先是领导力绩效的最强预测因子，其次是社会判断、传统价值观和外向性（支配力）、情绪稳定性和责任心（工作导向）。令人信服的证据表明，在严酷的西点军校环境中，具有高坚韧性的学员能够茁壮成长，成为优秀的领导者。

对学员的进一步研究更加证实了坚韧性对领导力的发展和表现的重要作用。例如，在跟踪一个班的学员毕业约四年后，在学员期由上级评定的坚韧性得分预示了这些学员作为年轻军官的适应能力和表现。这是一项相当严谨的研究，在学员到达西点军校后不久，就在坚韧性方面进行了评估。而大约七年后，当他们还是初级军官时，他们的领导能力也被进行了评估。因此，可以看到坚韧性是一个积极的因素，能帮助学员发展成为更有成效和更具适应性的领导者。

在另一项长期跟踪调研中，研究人员于2002年向四年前毕业的学员寄出了调查问卷。这项问卷还包括一种早期形式的坚韧性弹性量表，以及变革型领导力、总体健康和职业意向的品格。结果表明，在健康和留在军队的意愿方面，坚韧性是最强预测因子。

坚韧性也与变革型领导力有关，变革型领导力是一种以一致性、持久性、关注个人和激励他人的能力为特征的领导力风格。此外，坚韧性–承诺力与学员留在军队的意愿密切相关。因此，高坚韧性的学员更有可能继续从事军官职业，同时发展成为更有成效的领导者。

在另一项针对更大范围学员的后续研究中，我们应用了统计技术，同时评估了几个变量，看看哪些变量对成绩等级的影响最大。这里以学员整个四年的军事领导力等级作为结果变量，分别对西点军校的男性（N=989）和女性（N=152）进行研究。

在所有进入分析的变量中，坚韧性被证明是女性和男性领导者绩效表现的最强预测因子。其他预测因素包括两性的变革型领导力风格、男性的外向性和女性的亲和性。这项研究进一步提供了有力的证据，证明高坚韧性是西点军校的优势，尤其对女性学员而言。这些发现促使我们思考，在西点军校的女性学员里，坚韧性是如何发挥作用的。

西点军校里的女性学员

由于国会法案的实施，西点军校于1976年开始首次招收女性学员。首期班包括119名女性，其中只有62人（52%）四年后得以毕业。因为经常面临来自男性学员、不认同新政策教员的抵制甚至骚扰，这些年轻女性经历了一段艰难的时期。从那以后，西点军校女生的比例上升了20%左右，每个班级约240人。

虽然现在越来越多的军校接收女性学员，但她们仍然面临许多障碍。她们被要求在学业、军事和体能上达到与男性相同的要求（体能标准与军队一致——对女性的标准有所不同）。在以男性学员为主的群体中，女性学员仍然是少数。

考虑到西点军校的女性学员所面临的额外压力，探究她们的坚韧性及其作用是有意义的。因此，我们进行了几项研究，调查坚韧性是如何作为女性学员的压力复原因素发挥作用的。第一个有趣的发现是，女性学员作为一个群体，坚韧性比男性学员高。这个结果并不太令人惊讶，并且有可能是自我选择因素的结果。也就是说，只有那些坚韧性较高的女性才会一开始就申请进入西点军校，因为她们早就知道这是一个充满挑战和艰难的过程。

尽管女性学员的整体坚韧性更高，但她们的压力程度和健康问题仍然比男性学员更高、更严重。更高的压力程度最可能反映出在一个仍然由男性主导的环境中生存和工作所面临的额外挑战。然而，有趣的是，压力只与坚韧性相对较低的女学员的症状相关。换句话说，高坚韧性保护女性学员免受压力的不良影响。此外，高坚韧性的女性学员获得了更好的领导力绩效等级，尽管她们的压力程度更高。显然，对于在西点军校压力重重的环境中工作的女性来说，坚韧性是一种优势，有助于她们保持健康，作为领导者表现得更好。

什么样的人会放弃？坚韧性和坚持不懈的能力

西点军校重视的领导力品质之一是坚持不懈的能力，即坚持执行一项任务并将其成功完成。正如前面提到的，大约20%的新生会中途退出。考虑到坚韧性、领导力表现和学员健康之间的联系，我们想知道坚韧性是否会对学员在整个四年中坚持学习的能力产生积极的影响。当然，在西点军校进行的一系列研究中，对于谁能坚持到毕业和谁会退出，坚韧性确实被证明是一个强有力的预测因子。

在这个问题的第一次调查中，我和西点军校的同事通过学员基础训练和

第一学期的课程追踪了在2004年入学的学生。在六个月的早期紧张时期，约9%的学员，也就是在1 223人中有108人退学。结果表明，坚韧性–承诺力较低是该组中一个重要的预测因子。相对而言，在入学申请过程使用的例行测试，诸如大学入学考试和高校班级排名，并不会预测谁会退学。

在这个有趣的发现之后，我们想看看这是否是一个巧合，或者它是否也适用于其他军校学员群体。因此，我们调查了2005—2009年的五年间所有进入西点军校的学员。这一次的结果更为显著，并且在所有的班级中都是一致的。如图13.1所示，在第一次夏季训练中退学的学员在整体的坚韧性水平及挑战力、掌控力和承诺力方面明显较低。

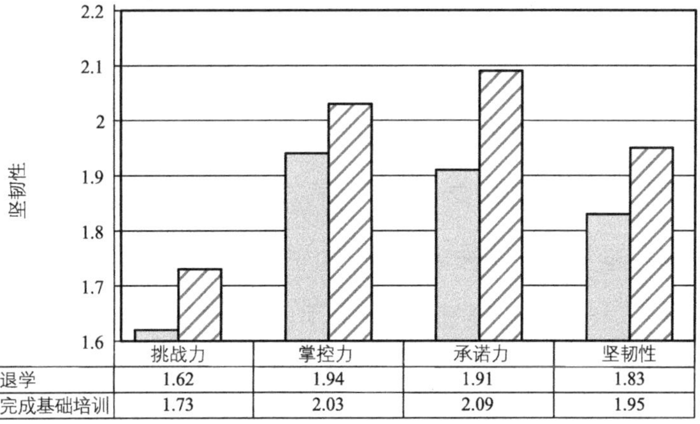

	挑战力	掌控力	承诺力	坚韧性
退学	1.62	1.94	1.91	1.83
完成基础培训	1.73	2.03	2.09	1.95

退学　完成基础培训

图 13.1　退学（319）和完成基础培训（4 902）的新学员坚韧性得分对比

那些通过了第一个夏季基础训练的学员，并不是所有人都能在四年后毕业。总体来说，只有大约80%的学员在西点军校完成了四年的学业。考虑到学员不得不做的各种事情，这个结果不足为奇。这个学院的课程是国家最高标准的课程之一，通常只要有两门课不及格就会被开除。除了学习，学员每天还会花一部分时间参加体能和军事训练活动。每个学员都被要求参加一项运动，以保持高水平的身体素质。

但是在西点军校最困难的部分可能是军事训练。从第一天开始，学员必须穿着整齐的军装，遵守大量的军事规章制度。他们学习行军、使用武器、战场生存技能。他们在更高级别的军事训练中度过夏天，包括参加军队跳伞和直升机绳降学校课程。当成为高年级学员时，他们被赋予更多的领导职责，负责培训和指导低年级学员。每天的日程安排都很紧凑，从早上6:30一直到午夜。

除此之外，学员经常被剥夺睡眠。一项研究发现，在学业周期中，学员们每晚的睡眠时间不足6小时。毫无疑问，四年的西点军校生活对军校学员来说是极具挑战性的。

为了见证坚韧性是否也能预测哪些学员能坚持到毕业，我们此次做了另一项研究，针对2005—2008年西点学校毕业的班级，涵盖4 895名学员。受试者人数越多，结果越可靠，受偶然性影响的可能性越小。

在这里，坚韧性再次被证明是一个非常重要的甄别手段，与退学者相比，毕业生表现出更高的坚韧性水平。所以，答案是肯定的，进入西点军校的学员如果具有高坚韧性，就更有可能坚持到四年后毕业。他们在那里的表现也更好。研究表明，在西点军校的整个时期，这四个班的学生的坚韧性是军事成绩的一个强有力的预测指标。因此，对于西点军校的学员来说，坚韧性是一种宝贵的资源，可以帮助他们应对生活中的压力，保持健康，成长为更有成效、适应性更强的领导者。

坚韧品质的学员画像

我在西点军校的那些年里，我的家人参加了军校学员资助计划，帮助学员与当地家庭牵线搭桥，以便他们可以在周末探访当地家庭。我们“收养”的学员星期天会到我们的宿舍来，吃一顿家常饭，看看电视，常常还会补上一觉。通过这个项目，同时作为一名教员，我得以对很多学员有了深入了解。我们的许多谈话都围绕着他们在西点军校及自己的家庭中所面临的困难和挑战。

当我们第一次通过资助项目认识军校学员文森特·马丁内斯时，他还是一年级新生。他的父母住在得克萨斯州，在他出生之前从波多黎各搬到了那里。文森特有点害羞，个子不高，脸上带着迷人的微笑，是我们家星期天的常客。他对我们的旅行和军事任务充满了无限的好奇，像海绵一样不断吸收着大量信息。

尽管在学业上还是有些吃力，但他在军事和体育训练课程上表现出色。他很快在军校学员连队担任领导职务，他发现自己喜欢帮助年轻学员掌握西点军校军事训练的各种任务要求，无论是打背包还是从悬崖上用绳索下降。

在接下来的几年里，我对他有了更多的了解，文森特给我的印象是非常坚韧。他喜欢新的经历和挑战，这是他进入西点军校的主要原因之一。他认为这是更好地了解自己的好方法。当他在某件事情上失败的时候（作为一名军校学生，他失败了很多次），他会尝试打破它，看看下一次他如何改变才能做得更好。这体现了坚韧性-挑战力。他还想成为年轻学员的榜样和领导者，向他们展示如何以建设性的方式处理失败。

文森特也有很高的坚韧性-掌控力。尽管他的生活方式和日程安排都很严格，但他始终相信，最终的成功或失败将是他自己决定的结果，而不是好运、“触霉头”或某个更高的权威人士。当他发现自己有可能无法通过系统工程课程时，便向连队的一名学员导师寻求额外帮助。大三时，他在障碍赛中膝关节受伤，这使他无法跑步。所以，为了保持体能和健身，他开始和自行车队一起骑车。他掌控自己的命运。

文森特的坚韧性–承诺力显然很高。无论在西点军校还是其他地方，他总对周围的世界满怀兴趣和好奇。即使看似琐碎的任务，如打包或学习背诵学员知识，他都认为是有意义的，因为它们是一个更大、更重要的事业的一部分。他对自己很好奇，作为一个人和一名军官，他想要了解和提高自己。

文森特希望提高自己的技能和胜任力，并对自己的发展充满信心。同样，他也致力于参与到他的同学、朋友和家人的社交世界里。他的同伴评价他是连队里最高效的领导者，是他们寻求建议的对象。文森特毕业时的成绩排在全班前10%，凭借优异的成绩他成为陆军步兵军官，后来又加入了医疗服务队。

超越西点军校

当然，西点军校并不是唯一存在学生在毕业前退学的问题的学校。事实上，根据国家教育统计中心的数据，在美国，多达40%的四年制大学生从未完成学业。如果在西点军校这样的学校里，坚韧性与留校率和成功有关，那么它也可以预测在民办高校的成功吗?

答案似乎是肯定的。例如，在一项多所大学的合作研究中，在伊萨卡学院、东卡罗莱纳大学、密西西比州立大学、伊隆大学、太平洋路德大学和得克萨斯农工大学中，高坚韧性的学生更有可能坚持到毕业。据该研究的主要作者称，他们计划利用这些研究结果为低坚韧性的学生提供专门的培训和支持，帮助他们提高坚韧性，顺利毕业。

让自己成为一个坚韧的领导者

西点军校的研究证实，坚韧性–承诺力、坚韧性–掌控力和坚韧性–挑战力有助于保持健康，也有助于培养高效的领导者。那么，作为一个坚韧的领导者，你能做些什么来提升自己呢？上一章关于坚韧性训练技巧的许多观点也适用你自己。现在花点时间，问自己几个关于领导力的问题吧。

承诺力

- 我在传达我们的使命、我们正在做什么、为什么这些很重要等方面做得足够好吗？我还可以做些什么来强化这些信息？
- 我是否对我所领导的团队表现出个人兴趣？他们能否感觉到我对他们的福利和提升感兴趣？
- 我能够公平地分配奖励和工作吗？

掌控力

- 我是否愿意接受员工、下属和团队成员的反馈？我是否让他们知道他们的反馈是有价值的？
- 在设定任务和职责时，我是否允许员工、下属或团队成员对如何完成工作的细节有一定程度的控制和自主权？
- 我是否做了足够的工作来确保团队有执行任务所需的资源？

挑战力

- 发生变革时，我是否树立了一个好的榜样？我是否向我的下属表明我愿意抓住机会并尝试新的方法？
- 我如何应对错误和失败？我是责备和惩罚负责任的人，还是试图使其成为一次学习经历?

- 我是否愿意让我的下属、员工和团队成员在工作分配、日常事务和日程安排上有一些变化?

每一种情况都是不同的，所以如果你发现其中任何一方面适用你，你就会得到一些方法来专注于提高自己作为一个坚韧领导者的成效。在下一章中，我们将进一步了解到压力会使人生病，以及坚韧性如何帮助你保持健康。

第14章

坚韧性与健康

“一个明智的人应该把健康视为人类最大的福祉，并通过个人的思想来学习如何从自己的疾病中获得益处。”

——希波拉底，希腊哲学家和医生，现代医学之父

现如今，人们都已广泛知晓，压力会使人生病。与此同时，对于人类来说，压力是生活中不可或缺的一部分，是不可避免的。所以，真正的问题不是如何避免压力，而是如何与压力共存，并在应对压力的同时保持健康。在这一章中，我们讨论的一些研究表明：坚韧性，以及高坚韧性的人在处理压力时使用的应对策略正是答案的关键所在。

罗伯特·萨博斯基在他那本引人入胜的《为什么斑马不得胃溃疡》（*Why Zebras Don't Get Ulcers*）一书中，概述了压力使我们生病的许多方式。正如我们在第8章中所讨论的，当我们面临真正的危机或挑战时，身体的压力反应是健康的和适应性的。但是，当这种压力反应不适合当时的情形，或者压力反应持续时间太长，又或者经常被不需要危机应对的事件触发时，它就会让我们陷入麻烦。

例如，如果你每次在杂货店排长队等待结账时，你都会很生气，血压飙升，那么你可能出现的就是与当时情形不相符的压力反应。如果这种情况经常发生，你可能使自己陷入一些与压力相关的健康风险，包括心血管疾病、高血压、中风和糖尿病。压力，以及你应对压力的方式，都可能对身体的机能，诸如免疫系统造成损害，降低你对感冒的抵抗力，甚至导致更严重的疾病，如关节炎和癌症。

坚韧性与心脏病

心脏病和中风是全世界的头号死亡原因，每年造成约1 800万人死亡。而压力是诱发心脏病和中风的主要因素。1986年，霍华德和他的同事进行了一项关于坚韧性和心脏病的早期研究，他们发现，低坚韧性的管理者如果长期处于压力大的环境中，久而久之，就会出现高血压和甘油酸酯，这两个都是心脏病的征兆。但是，同样处在高压力的环境中，高坚韧性的管理者却没有出现这些问题。一项类似的研究发现，对于在实验室工作的人，坚韧性是防止工作人员在紧张压力下血压升高的缓冲剂。

另一项研究针对的是华盛顿特区国防大学的成年学生。这些学生都是处于职业生涯中期的专业人士，既有军人，也有文职人员，他们参加了为期一年的硕士学位强化课程。在这项研究中，所有学生都接受了免费的健康检查，包括胆固醇和血糖筛查，学生们还完成了一项简短的坚韧性测试，这是早期版本的坚韧性弹性量表。

研究结果表明，高坚韧性的学生血液中有益胆固醇（高密度脂蛋白）较多，有害胆固醇（低密度脂蛋白）较少。这个结果再一次表明了坚韧性是预防心脏病及其先兆的保护因子。

另一项在伊朗进行的研究也很有意思。研究人员将一组冠心病患者和一组身体健康的伊朗人进行了比较。结果显示，健康组明显表现出更高的坚韧性水平，并且获得更高的社会支持，同时，他们处于较低的压力水平。因此，我们再次看到，坚韧性似乎是一种保护因素，来自家庭和朋友的社会支持也可以作为良好的缓冲，抵御压力的不良影响。这也指出了我们在第8章中讨论的一个问题，即高坚韧性的人往往从一开始就认为情况并不那么糟糕，因此不会具有像低坚韧性的人那样相同的压力反应。

中风也是心脏病的严重后果。艾琳·哈蒂根在她的博士论文中就坚韧性和中风的关系进行了研究，她对爱尔兰科克市的100名中风康复者进行了调查，想了解为什么有的患者卒中后能适应并逐步恢复正常生活，而另一些人没有做到，造成这种差异的因素是什么。哈蒂根用早期版本的坚韧性弹性量表测量了坚韧性，并将身体机能、生活安排和住院时间作为预测因素。

她发现，在中风后的恢复期，坚韧性和身体技能是决定你病愈后能否积极调整的重要预测因素。因此，坚韧性不仅是保护因素，而且，如果你确实患上了某种心脏疾病，高坚韧性还能帮助你在病愈后更好地恢复和调整。

坚韧性与糖尿病

糖尿病是一种严重的疾病，且发病率有逐年增加的趋势，目前在全球超过1.35亿人受其影响，其中还包括许多儿童。虽然包括家庭遗传因素在内的许多因素都会导致糖尿病，但压力是让糖尿病患者病情恶化的主要原因。虽然目前还没有研究表明坚韧性是对抗糖尿病的一种潜在保护因素，但是人们开始对坚韧性与糖尿病患者的关系予以关注，并开始了多项研究。

事实表明，如果你患有糖尿病，同时，你的坚韧性水平很高，那么从长期来看，你更有可能坚持治疗方案，并能更好地控制疾病。这么做意味着会有更好的结果等着你；与此同时，在胰岛素依赖型糖尿病（也称1型糖尿病）患者中，坚韧性越高的患者，对疾病的生理适应能力越强，血糖水平调节得越好，眼睛和肾脏的问题越少。

当然，最好一开始就不要得糖尿病。坚持健康的饮食和经常锻炼肯定对我们的身体健康有帮助。但如果你最终还是患上了某种形式的糖尿病，你的坚韧性思维模式可以帮助你以更有建设性和更健康的方式来应对它。

坚韧性与免疫系统

免疫系统可以帮助我们的身体抵御感染和疾病。自20世纪60年代以来，人们就认识到压力会损害免疫系统，降低我们对疾病的抵抗力。这一领域最早的一些研究发现，当小老鼠受到电击或噪声的刺激时，它们更容易受到单纯疱疹和脊髓灰质炎等病毒的感染。

人体的免疫系统功能下降也与压力有关。例如，研究发现，长期经受各种生活压力，比如照顾长期病患或配偶死亡，就会导致免疫系统受损。甚至有研究表明，压力会增加人们对普通感冒和流感的易感性。

同样，并不是每个人对生活中的压力都有相同的反应，对免疫系统来说也是如此，并非所有人的免疫系统都会受压力影响。事实证明，如果你的坚韧性很高，你的免疫系统似乎不会受压力的影响。得克萨斯大学奥斯丁分校的研究人员是最早报道这一研究的人之一，他们发现，取自高坚韧性个体的血液样本在暴露于各种传染源时，表现出更强的免疫反应。

一项类似的研究抽取了高坚韧性和低坚韧性的学生在考试压力下的血液样本，对他们免疫系统功能的几项指标进行了分析。结果表明，高坚韧性的学生具有更强大和更平衡的免疫系统反应。挪威的一项研究发现，坚韧性之挑战力、掌控力和承诺力三要素水平都很高的海军学员，比那些至少在其中一项要素水平较低的海军学员拥有更健康的免疫系统。

那么，我们最需要知道的是什么呢？尽管我们还需要对坚韧性是如何影响免疫系统有更多的了解，但迄今为止的证据表明了坚韧性与在压力下更强大的免疫系统功能之间存在明显的联系。通过培养坚韧不拔的心态，你很可能同时增强你的免疫系统。

坚韧性与癌症

类似压力对心脏病和糖尿病的影响，压力可能是导致患某种癌症的风险增高的因素之一，尽管证据有些复杂。例如，最近一项关于压力和乳腺癌的研究综述发现，有26项研究确实发现了压力和癌症之间的联系；然而，该综述中的另外18项研究并未发现压力与癌症之间存在任何联系。

另外，压力已经被证实是加速癌症恶化的一个因素。多项研究表明，心理压力会影响肿瘤增大和癌细胞扩散的速度。和其他几种疾病一样，罪魁祸首似乎是免疫系统受损。对大多数人来说，当他们处于巨大的压力下时，免疫系统就不能正常工作了。当这种情况发生时，癌细胞更容易躲开免疫系统的保护细胞，然后扩散到身体的其他部位。

坚韧性在这里能起作用吗？虽然很多研究并没有直接涉及这个问题，但我们知道，在经受压力时，坚韧性会促进更强健的免疫系统。因此，可以推断，坚韧性可能对人体提供了保护，预防由于压力导致的癌症。

其他的研究也确实表明，坚韧性会对癌症病人产生积极的影响，有助于他们更好地应对病情和恢复健康。例如，一项对患有乳腺癌的伊朗妇女的研究发现，坚韧性及婚姻满意度有助于这些妇女积极地适应自己的状况，甚至从这种经历中获益。

另一项关于乳腺癌患者的研究报告了类似的结果，尽管罹患癌症，高坚韧性的女性表现出更高的生活满意度。而对于患有恶性黑素瘤癌症的以色列幸存者来说，坚韧性与人的整体健康和功能水平呈正相关，与痛苦呈负相关。因此，坚韧性高的幸存者能更积极地应对癌症。

那么，这对你来说意味着什么呢？坚韧性当然不是什么灵丹妙药。它不能防止你得癌症。然而，如果你真的得了癌症，高坚韧性将帮助你以积极、健康的方式进行调整和应对。

坚韧性与关节炎

关节炎是一种致残性疾病，它会破坏关节软骨，导致肿胀、僵硬和疼痛。类风湿关节炎是由免疫系统紊乱引起的一种特殊类型的疾病。这是一种自身免疫性疾病，因为免疫系统正在攻击自己的身体组织。在影响关节炎严重程度和强度的各种因素中，心理压力是一个公认的因素。坚韧性可以为抵御这个疾病提供保护吗?

针对这个问题，科研人员进行了一些研究。亚利桑那州立大学的研究人员对33名患有类风湿性关节炎的女性进行了研究，测量了她们的坚韧性及健康和免疫系统功能的几个指标。他们发现，坚韧性，尤其是坚韧性–掌控力，与更好的感知健康和更健康的免疫系统（循环T细胞）有关。因此，相比坚韧性–掌控力水平低的女性，坚韧性–掌控力水平高的女性能更好地调整适应并保持身体健康。

再看另一项类似的研究：研究人员调查了另一组更庞大的患有类风湿性关节炎的女性群体（122人），来观察她们的坚韧性、疾病严重程度和心理健康。结果表明，无论疾病的严重程度如何，坚韧性都是这些患者健康的重要预测因子。所以，对于风湿性关节炎患者来说，一个坚韧的思维模式不仅能帮助你应对疾病，而且似乎能影响疾病的进展。这么说是有道理的，因为我们知道坚韧性与更健康的免疫系统有关。

健康、坚韧性与社会支持

在对关节炎患者的研究中，凯斯西储大学和沃尔特·里德陆军医疗中心的维奇·兰伯特及其同事也发现，社会支持是这些患者健康状况的重要预测因素。高坚韧性的患者社会支持度也高。这表明，高坚韧性的关节炎患者在诸如患重病之类的压力环境下，可能更善于发展和利用朋友和家人的支持。

当然，社会支持（至少是正确的支持）也可能提高你的坚韧性。通过获得社会支持，鼓励自己采取措施解决问题，这就是坚韧的人所采取的应对方式。这种方式称为“转换应对”，因为它涉及通过采取行动和利用现有资源，将压力状况视为可以管理的情境。这样做，你就将事件从潜在的破坏性压力转化为展示和增强能力的机会。

如果你的社会支持怂恿你回避要处理的问题，那么，这样的社会支持也会以消极的方式起作用。例如，如果你在工作中与老板发生冲突，而你的配偶对你表示同情，同时鼓励你不要再想这件事，邀请你再喝一杯，忘掉这件事，这样的处理方式就是逃避应对。这样做不能解决任何问题，同样的问题会在你第二天去上班的时候出现。更好的办法是想方法去解决这个问题，也许是和你的老板谈谈，或者在必要的时候换工作。这是一种积极的、解决问题的应对方式，是高坚韧性的人在处理有压力的情形时乐于采用的方式。

坚韧性与睡眠

睡眠既是我们保持健康最重要的事情之一，也是最简单的事情之一。而我们大多数人都没有足够的睡眠。根据国家睡眠基金会的数据，26~64岁的成年人每晚至少需要7个小时的睡眠，以保持身体健康。然而，平均而言，超过一半（53%）的美国人报告称，他们在工作日的睡眠时间不足7小时。年轻人和青少年需要更多的睡眠，国家睡眠基金会建议每晚应有8~10小时的睡眠时间。然而，大多数年轻人即便在周末晚上也只睡7~7.5小时。睡眠不足无疑会让你生病，也会降低你的幸福感和工作表现。

例如，一项对罗德岛高中学生的研究报告显示，睡眠不足的学生患更多的疾病，包括感冒和咳嗽、喉咙痛、肌肉疼痛、疲劳、胃部疾病，以及（女性的）月经痛。许多其他研究已经证明，睡眠不好或睡眠不足会增加患各种疾病的风险，包括心脏病、肥胖症和糖尿病。

坚韧性能防止睡眠不足的不良影响吗？至少有间接的证据表明，在某种程度上是可以的。睡眠不足会破坏免疫系统，使我们更容易受到上述提到的所有健康问题的影响。我们从其他研究中得知，高坚韧性的人往往有更强大、更强健的免疫系统。因此，在一定程度上，坚韧性有助于免疫系统的健康和平衡，从而使高坚韧性的人对于睡眠不足更有耐受力。

一些对倒班工作制行业从业人员的研究证实了这个观点，护士作为倒班工作者，她们正常的生理时钟被不规律的工作时间打乱，经常睡眠不足。这种感觉就好像当你跨时区旅行时所体会到的时差。而在挪威对倒班护士进行的研究结果表明，相比低坚韧性护士，高坚韧性护士在工作中表现出更大的忍耐力和较少的疲劳、焦虑和抑郁。

另一项对挪威护士的研究也得出了类似的结果，这一次的研究是考察在两年时间里，倒班工作对人的影响。同样，随着时间的推移，相比低坚韧性的护士，高坚韧性的护士表现出较少的疲劳、焦虑和抑郁。这项研究还发现，在坚韧性的三要素中，承诺力和挑战力对人的影响最大。

你是一个早起型的人还是一个晚睡型的人？有些人天生在早上更加警觉和活跃，我们称这些人为早起型或云雀型；另一些人在白天的晚些时候和晚上更活跃，这些人被称为晚睡型或猫头鹰型。越来越多的研究表明，与猫头鹰型相比，云雀型更能抵抗倒班工作和睡眠不足带来的不良影响。

最近的一项研究调查了1 000多名西点军校学员的坚韧性和生物钟。在第13章，我们已经讨论过西点军校的生活。对军校学员来说，压力很大、睡眠不足司空见惯。在这项研究中，高坚韧性的学员往往是云雀型，他们在身体和军事领导项目中也表现得更好。所以，这里有更多的证据表明，高坚韧性有助于更好的睡眠，并能防止因睡眠不足对身体造成的破坏性影响。

坚韧性与健康的习惯

坚韧性对保持身体健康所发挥的积极作用之一，是推动你以积极健康的方式生活。比如锻炼，吃更健康的食物，甚至拥有更多的睡眠。在某种程度上，高坚韧性之承诺力意味着你会更多地融入和投入你周围的世界。高坚韧性的人往往更深刻地意识到锻炼及其他保持身体健康的方法的价值。高度的承诺力也意味着你更能适应，并对自己的身体和思想更感兴趣。

承诺力高的人更能意识到环境中不同事物之间的差异，以及他们的选择和行为会对自己产生怎样的影响。因此，高坚韧性的人倾向选择做一些帮助他保持身体健康的事情，比如锻炼。而且，他们更倾向避免做那些对身体不利的事情，比如吸烟或吃高糖食物。同样地，高坚韧性之掌控力意味着你相信你可以影响结果，所以更愿意做出选择，做那些能保持健康的事情，比如锻炼和不吸烟。

一项针对芝加哥高管的早期研究发现，坚韧性和锻炼可以在很大程度上缓解压力的不良影响，朋友和家人提供的社会支持亦是如此。同时，这项研究发现，坚韧性和锻炼很大程度上没有关联。这表明，你可能是低坚韧性的，但仍然是一个锻炼狂人，或者你具备高坚韧性，但不是一个很爱锻炼的人。

尽管如此，仍有大量证据表明，坚韧性与锻炼和其他健康习惯有更直接的联系。例如，阿拉巴马大学的研究人员对大学生的坚韧性和一系列健康的行为进行了测试，以了解这些因素是否可以有效缓解压力和疾病。在这项研究中，健康行为包括锻炼、饮食、个人卫生和药物是否滥用。结果表明，坚韧性对健康有直接影响，对健康行为也有间接影响。换句话说，高坚韧性的学生更多地投入健康的活动（较少地投入不健康的活动），继而使他们获得更好的健康结果（生病较少）。日本最近的一项研究调查了468名大学生，发现那些经常锻炼的人也更有坚韧性。有趣的是，那些参加集体活动（而不是单独活动）的人在坚韧性方面是最强的。这可能与承诺力相关，即对周边世界的参与和兴趣。

其他研究表明，坚韧性与健康的习惯有关。例如，在患有慢性疾病的成年患者中，那些高坚韧性的患者更多地参与各种促进健康的活动。同样，一项针对老年人的研究发现，坚韧性与更多的锻炼、营养、放松练习和全面的健康促进有关。从另一个角度来看，研究发现，那些低坚韧性的大学生更有可能养成不健康的习惯，包括吸烟、吸毒、不良饮食和疏于锻炼。

因此，有充分的证据表明，如果你具有很高的坚韧性，在压力下保持健康的方法之一就是保持良好的健康习惯。高坚韧性的人更清楚他们所做的事情会如何影响自身健康，他们也乐于选择能让自己更健康的生活方式。如果你是高坚韧性的人，你很可能注意你的饮食、锻炼，以及找寻其他方式来保持身体健康。

运用坚韧性 3C 要素保持健康

在这一章中，我们已经讨论了一些主要的健康问题，以及在生活遭遇重大压力的情况下，保持坚韧性心态能让你保持健康的一些方面。可以肯定的是，除了压力，还有许多因素会导致健康状况不佳或疾病，包括家族病史、接触环境中的感染源和毒素等。而高坚韧性可以帮助你处理压力，提高你对疾病的抵抗力，帮助你避免许多健康上的问题。如果你不幸患上了大病，坚韧可以帮助你更积极地调整和应对这种情况。

不管你为保持健康做了什么努力，疾病有时还会找上门来。几年前，我（保罗，本书作者之一）被诊断出患有晚期癌症，这个消息无疑让我极度震惊，所以我花了一些时间想知道医生是不是弄错了。但自从我接受了现实，我就开始思考能做些什么。我和我的妻子花了很多时间研究不同的治疗方案，在确定治疗方案和治疗医院之前，我去了几家医疗中心听取了第二方和第三方的意见。我们尽最大努力掌控我的医疗护理。

在整个治疗过程中，我也做了一些选择，我认为这些选择会为治疗带来更好的结果。例如，医生建议我减少咖啡的摄入量，因为咖啡因会影响治疗的效果。虽然我已经很多年持续喝咖啡，但在那个时候我完全戒掉了这个习惯。我相信医生的建议，无论最终结果如何，我都会全力以赴，尽我所能。说来奇怪，我开始将癌症视为一个有趣的挑战。对我而言，这无疑是一种全新的体验，也为我提供了一个不同寻常的、富有戏剧性的学习机会。虽然我和大多数人一样也照顾过患癌的家庭成员，但这是第一次自己有机会亲身体验癌症。这让我对癌症患者所经历的一切有了新的理解。当你得了癌症，不管治疗得有多好，你都不确定自己能否活到最后。它让你直面自己的死亡。

坐在放射肿瘤科候诊室或化疗输注中心，我有机会观察其他癌症患者，并与他们交谈，他们当中的许多人情况比我更糟。我几乎每天都在与癌症抗争的各个年龄段的人身上看到勇气和尊严，并为之感到惊讶和谦卑。在经历这一切的过程中，我也学到了很多关于自己的东西。虽然我不希望任何人有这样的经历，但我真的很高兴我有过这样的人生经历。

那么，你可以采取哪些措施来提高你保持健康的概率呢？你的坚韧性–承诺力隐含了你对自己、对家庭、对朋友和对工作的兴趣。用对自己的承诺力来审视你的生活方式吧，看看有哪些方面可以让你的习惯朝着更健康的方向转变。这可能包括锻炼、饮食、睡眠或其他。你值得这么做！

你的坚韧性–挑战力也会发挥作用，它提醒你改变是好的，是一个学习和进步的机会。在这种情况下，挑战自己养成一些更健康的习惯，也许需要多运动或者少吃，以及改变饮食习惯。哪些地方可以做出改变？你可以通过走楼梯取代乘坐电梯；让你的饮食可以更加均衡；时不时吃点沙拉，而不是吃汉堡或比萨；多喝水，而不是含糖饮料；早点睡觉等。你可以尝试不同的方法，直到找到适合你的且可以持之以恒的生活方式。

在做出这些改变时，你将运用到坚韧性–掌控力。你有权利选择自己的生活方式，比如如何度过自己的时间，吃什么及喝什么。当然，掌控永远不是绝对的。我们都必须适应我们身处社会的各种要求。其实，大多数人拥有的掌控力都比我们意识到的更多。看看你的周围，在你的生活中发现一些可能对你的健康造成不良影响的问题，然后想想你能做些什么来解决它。

第15章

坚韧性让你的人生出现转机

提醒自己："每次，当你觉得坚持不下去的时候，最终，你还是继续前行了。"

——佚名

可以肯定的是，每个人都听说过有些人即便在经历过一些可怕的遭遇后，也能让生活变得很好。很多人都挺过了一些糟糕的经历或时光，然而，不是每个人都会做出改变一生的决定，去改变当下的处境，迈向欣欣向荣的新生活。

说到这儿，人们常常想到“复原力”这个词。然而，如字典所定义的，复原力是指“从困难中快速恢复的能力，即韧性”。复原力指的是在困境中恢复到危机之前的状态。而对于那些超越危机前状态的人们，我们该如何描述他们呢？就是我们所称的坚韧性，他们凭借坚韧性，变得更加投入、更具有挑战性并能更好地掌控自己的生活，从而成功地战胜困境。

在本书的结尾，我们希望通过一些真实的例子，总结全书的要旨。这些例子，阐述了当人们面临严峻的生活挑战时，坚韧性是如何在转变并穿越困境的过程中发挥作用的。在本章中，我们将着重介绍高坚韧性的人是如何克服压力，并将其作为跳板，迈向更美好、更充实的生活的。我们将为你展示那些历经挫折并设法摆脱困境的真实案例，他们在经历坎坷后，不仅能恢复如初，而且开启了具有更多人生意义的新篇章。

从失去亲人到为他人的生活赋能

邦妮·卡罗尔在美国空军服役30年，退役时是一名少校。她曾担任美国空军总部的伤员中心负责人，并且在五角大楼的美国空军国家安全和应急准备总部工作。她还曾在华盛顿特区工作，在里根和布什政府任职，包括在白宫担任内阁事务行政助理。

邦妮的事业非常成功，而且无论在工作和家庭生活中，她都过得相当充实而幸福。但在1992年11月12日，她的世界发生了悲剧性的变化：她的丈夫、陆军准将汤姆·卡罗尔在陆军C-12飞机失事中丧生。如大多数人所知，亲人的死亡，尤其在突发情况下，可能给家人造成毁灭性的打击。而这正是许多军人家庭每天都要面对的恐惧。

邦妮的丈夫去世后，她试图寻求情感上的安慰和支持。她认为，对于军人家庭来说，理应有提供这种支持的地方，哪怕仅仅与有着同样悲惨经历的家庭一起聊天，彼此安慰也好。她找遍了军队的各个机构、政府还有其他组织。但她震惊地发现，无论是政府还是非营利性组织，都没有一个地方能提供任何相关的支持。

于是，邦妮做了在自己看来很自然的事，她创建了一个名为“灾难幸存者援助项目”的组织，来帮助失去亲人的军人家庭。她亲自出任灾难幸存者援助项目总裁兼首席执行官。幸存者援助项目是一个知名的国家军事服务组织，它为所有因失去亲人、陷入悲伤的军人家属提供人性化关怀，包括慈悲关怀、个案援助，以及一年365天、每周7天、每天24小时不间断的全天候的情感支持。由于她的开创性工作，2015年，她荣获了奥巴马总统颁发的总统自由勋章。

我们采访了邦妮，想了解是什么令她从自己的悲剧中走出来，转变为拥有使命感，并且帮助千万个家庭应对失去亲人的悲伤的。她同意帮助我们，配合我们做了两个测试：一个是坚韧性测试，另一个是EQ-i 2.0。她的坚韧性弹性量表如图15.1所示。

如我们所料，邦妮的坚韧性得分非常高，是我们见过的最高分之一。她的坚韧性-承诺力得分尤其高，现在，我们可以很明显地看到，她的驱动力源于内心崇高的目标。用她自己的话来说：“我认为，创建这个组织是我从挫折中前进的唯一途径。”她指出，创建一个组织并不是她的第一选择，但是，当人生到了某个时期时，她就觉得她有必要这么做。这种人生目标或使命就是一种驱动力。

坚韧性弹性量表

邦妮 · 卡罗尔
2019 6.3

整体坚韧性得分：119

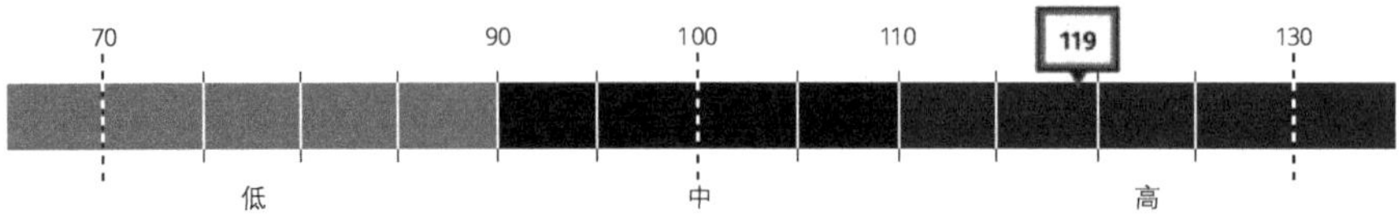

得分解读：

- 你的整体坚韧性得分在高分区间。
- 你有很强的能力，能从容应对压力和处理意外及突发状况。你的高坚韧性水平会保护你免受压力的负面影响，你有能力对压力和突发情况做出适当且健康的回应。
- 你有应对压力所必需的能力。举例：相对于忽视或回避压力情况，你更倾向适应压力并且消除它。

坚韧性分量表

挑战力：118

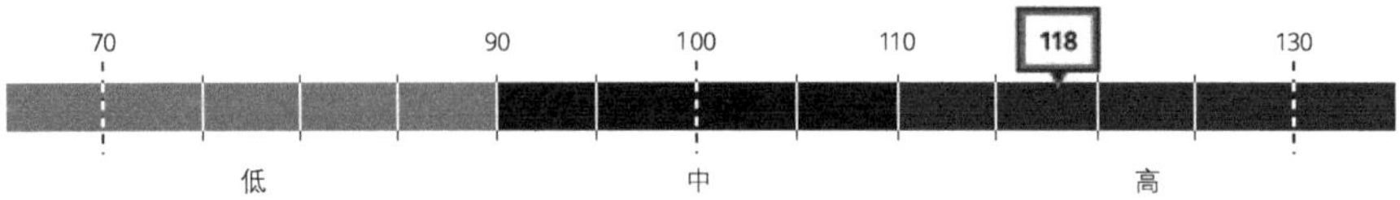

掌控力：114

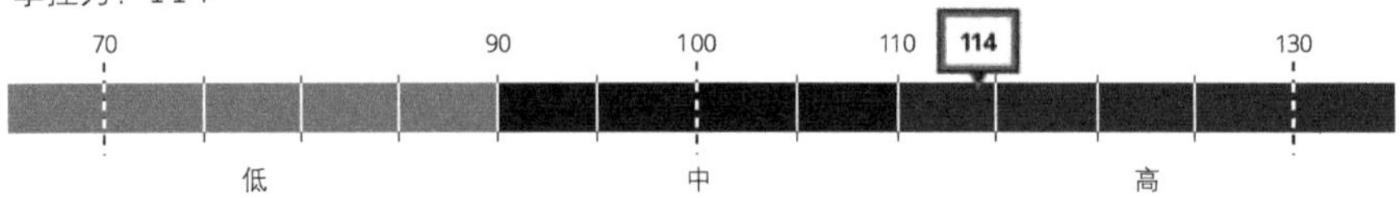

承诺力：119

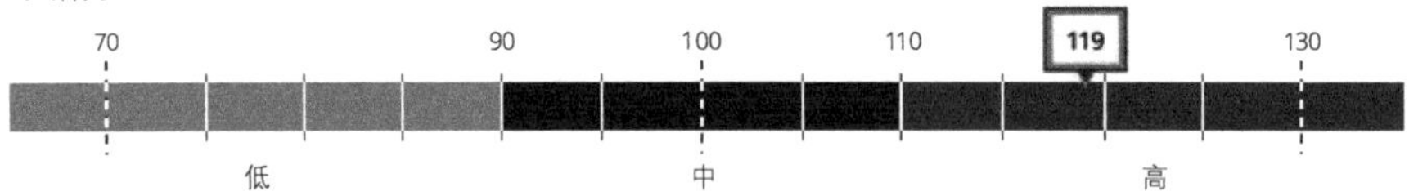

在接下来的页面中，你将发现更多关于你的挑战力、掌控力和承诺力得分的信息。在你通读个人报告时，想想看在你的日常生活中，你是如何看待这些坚韧性品质的。如果你选择执行我们为你推荐的发展策略，就可以确保你在面对压力和变化的情况时为成功做好准备。

图 15.1　邦妮 · 卡罗尔的坚韧性弹性量表

她的坚韧性–挑战力得分排第二。她解释说，这是因为她工作的一部分是需要针对各种情况采取措施。当需要完成某些事情的时候，她在引领团队前进的过程中会发现挑战。她提到，在她刚加入空军接受基础训练的时候，训练非常艰难困苦。大多数新兵怨声载道、不喜欢训练。然而，她觉得这很有挑战性，也很有趣。挑战力高的人能够接受困难，并且会换个角度看问题。正是对自身想法和态度进行了重新构建，她渡过了难关。

邦妮的坚韧性–掌控力得分也相当高。正如她所说："掌控代表了一种选择。它让你把精力集中在创造机遇和机会上。" 她认为，人们在年轻时的行为方式是与生俱来的。邦妮的母亲在她年轻的时候就去世了，这让她不得不承担起照顾父亲的责任。对她来说，对自己和对他人负责似乎是天经地义的事。她坚韧的心态使她能够胜任领导的角色。

邦妮的情商得分也非常高，其中灵活性方面得分最高。对于一个在有着各种严苛制度和规定的军队里服役了很多年的人来说，高度的灵活性似乎有点不合常理。但这也是邦妮脱颖而出的另一个原因。灵活意味着你能在规则中找到回旋的余地，并且尽你最大的努力适应和搞定事情。

她的第二高分是自我实现。自我实现的人已经找到了让自己有归属感并一生热爱的事情。类似于坚韧性–承诺力，自我实现中彰显着强烈的使命感。此外，高度自我实现的人促进他人的成长，致力于让世界变得更美好。当你和邦妮说话的时候，你能感受到她对自己所做的事情是多么的富有热情。

我们可以从邦妮身上学到的一件事就是要找到目标。即便发生了悲剧，我们依然可以找到生活的意义。当生活中发生不好的事情时，我们可以选择坐以待毙，也可以选择带着目标前进。我们可能无法独自改变世界，但如果我们团结他人支持我们的事业，就一定能有所作为。世界可能因此而改变，我们的生活也将随之改善。

超越个人环境

有一次，我在一个由高管猎头公司组成的国际组织年会上做了演讲（史蒂芬，本书作者之一），结束后，主办方在办公楼里举办了鸡尾酒会。那是位于蒙特利尔市中心的一家历史悠久的老银行的主楼层，楼层很高，环境非常优美。喝完鸡尾酒后，我们去了附近的一家餐馆吃饭。

我坐在东道主凯伦·格鲁姆旁边，她是格鲁姆联合公司的总裁，这是加拿大领先的招聘和职业介绍机构之一，在全国各地都设有办事处。她的两个女儿也在这家公司工作。我对凯伦的故事很感兴趣，很想知道作为一名女性企业家，她是如何建立起一家如此成功的公司的。在我的印象中，凯伦是个非常有风度、有吸引力、年轻、亲切的东道主。我猜想，她一定来自一个富裕的家庭，上过名校，本质上是通过家庭关系建立起这番让人印象深刻的事业的。于是，我决定和凯伦谈谈，了解她的成功之路。

作为一名心理学家，虽然我很不愿承认，但实际上我对她的初印象的确大错特错。我努力做了一番软磨硬泡，凯伦才愿意透露她的这个并不美好的故事。她在瓦尔登长大，是当时蒙特利尔最贫穷的地区之一。她是家里七个孩子中的老大，家境贫寒，父亲偶尔开卡车，挣钱不多；父亲对她及其他孩子有时会施以暴力，她的生活环境非常糟糕。

凯伦七岁时得知父亲死于和帮派有关的谋杀，直到今天，很多细节对她来说仍是个谜。可以想象，处理这种情况对于一个七岁的孩子而言多么艰难。她情绪非常复杂，失去父亲的确是个悲剧，然而，一直伴随着她的家暴也就此结束了。

我想知道凯伦的坚韧性概要会是什么样的。一个人是如何从如此艰难的成长环境中恢复过来的呢？图15.2是凯伦的坚韧性弹性量表。

正如你所看到的，凯伦的整体坚韧性得分很高。她的坚韧性中的挑战力很强。她拥抱变化。从记事时起，她就渴望离开她所在的凡尔登居住社区。她也喜欢上学，喜欢学习新事物，相信一切都是可以改变的。

坚韧性弹性量表

凯伦·格鲁姆
2019 6.11

整体坚韧性得分：119

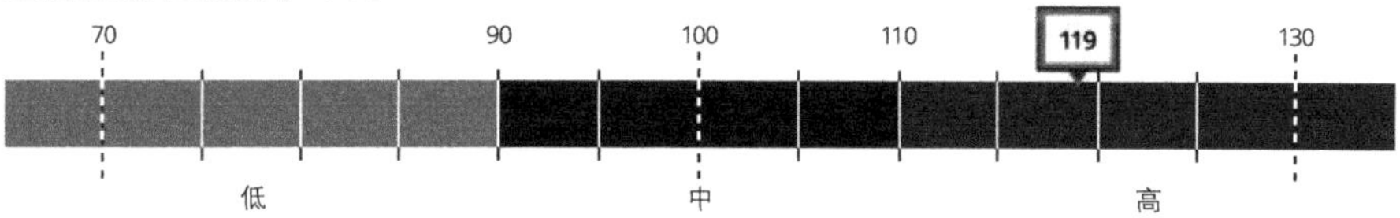

得分解读：

- 你的整体坚韧性得分在高分区间。
- 你有很强的能力，能从容应对压力和处理意外及突发状况。你的高坚韧性水平会保护你免受压力的负面影响，你有能力对压力和突发情况做出适当且健康的回应。
- 你有应对压力所必需的能力。举例：相对于忽视或回避压力情况，你更倾向适应压力并且消除它。

坚韧性分量表

挑战力 124

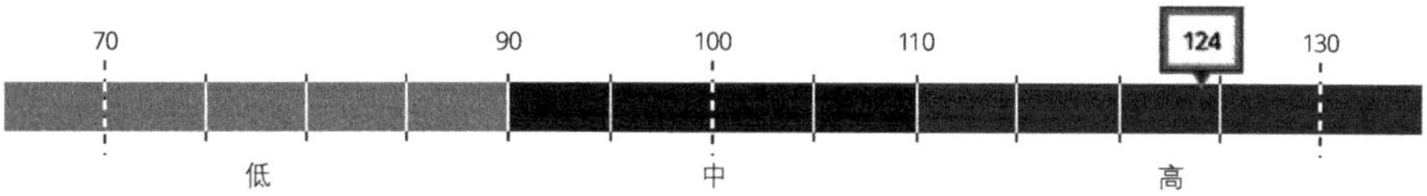

掌控力 105

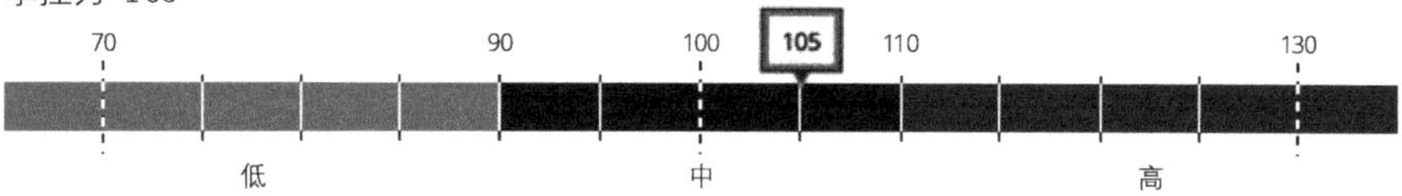

承诺力 124

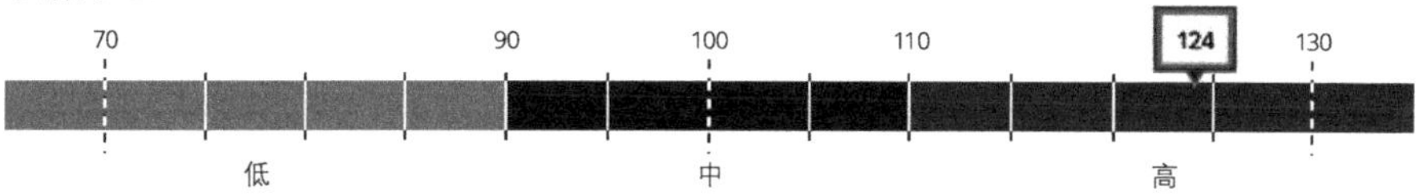

在接下来的页面中，你将发现更多关于你的挑战力、掌控力和承诺力得分的信息。在你通读个人报告时，想想看在你的日常生活中，你是如何看待这些坚韧性品质的。如果你选择执行我们为你推荐的发展策略，就可以确保你在面对压力和变化的情况时为成功做好准备。

图 15.2 凯伦·格鲁姆的坚韧性弹性量表

当被问及成长过程中身边的人时，她说："在那种环境中，消极情绪滋生，很少有人把心思放在工作或事业上。"但是凯伦从未陷入这种想法。对她来说，感恩非常重要。当她的父亲被谋杀的消息见报后，人们开始陆续给她家寄送慰问的礼品。她对得到的每个机会都心存感激。

凯伦在坚韧性–承诺力方面的得分也很高。从小到大，她始终有强烈的目标感。她非常渴望离开她的社区。她有两个主要动力：一是养家糊口，二是为孩子留下遗产。她希望他们能拥有她从未有过的机会——上完大学，因为凯伦从未从大学毕业过。她的努力和投入使这两个梦想得以实现。

凯伦毫不掩饰一个事实，即她的目标是在经济上有保障，过上舒适的生活。对于我们这些在舒适的环境中长大的人来说，可能很难理解为什么这一点如此重要。如果你不是长期生活在一个贫困的环境中，你就无法真正理解这意味着什么。

即便是在贫困中长大，凯伦也渴望拥有亲密的支持群体——她可以信任的家庭成员和朋友。她想脚踏实地过上幸福的平常日子；但她也渴望通过自力更生，过上体面的生活。毕竟，说实话，谁不渴望呢？

凯伦的坚韧性–掌控力属于中等水平。她的分数表明，她相信她可以决定自己的结果。当被问及这个问题时，凯伦说她一直相信自己可以掌控自己的世界。与此同时，她也知道有些问题仍无法解决，比如虐待儿童。即使在今天，这也是一个难以解决的问题。

凯伦的情商得分如何呢？毫无悬念，她的情商得分也很高。她的最高分是灵活性，与邦尼得分近似。从凯伦小时候起，她就不得不适应恶劣的生活环境，想办法让自己活下来。从这样的经历中，她学会了不为小事烦恼。在前进的路上，她能根据需要毫不费力地灵活调整，顺应环境。

她的情商得分次高的是乐观和独立。她明确表示，自己会看到生活中积极的一面：“我总会在各种情况下寻找好的一面。我相信每个问题都有解决的办法。”

至于独立性，则来自父亲被杀后她开始在家里担任领导角色，那时她年仅七岁。很小的时候，她就学会了力争上游和按自己的方式做事。她欣然承认她从来都不是一个追随者。她是高中同学会的皇后。即便上高中的时候，她也认为自己拥有独立的意志。

凯伦的成功很大程度上归功于她的高智商。她热爱上学，并且成绩优异，但她的个人情况不允许她完成大学学业。她告诉我们，她最初的梦想是成为一名电视记者，就像芭芭拉·沃尔特斯一样。她认为，只要她足够努力，就能获得成功。

正是这种动力，促使她在人力资源领域成功地建立了自己的公司。在很多方面，凯伦都是那些追求独立、创业和财务成功的女性的榜样。而且，据我了解，这些她都做到了，同时，她是一个很好的人。

从悲剧走向世界舞台

伊兹尔丁·阿布埃莱士博士在加沙地带长大，他在当地享有盛名。在这个历史上冲突、战乱不断的地方，平安长大并非易事。成人后，经过培训，伊兹尔丁成了一名妇产科医生，并从事不孕不育的治疗。他还在哈佛大学深造过，是哈佛大学培养的公共卫生专家。他生活在加沙，大半辈子都在以色列工作。他一生中的大部分时间，都在跨越以色列人和巴勒斯坦人之间的界线，为两个地区的病人提供治疗。

2009年1月16日，在以色列和加沙冲突期间，一场悲剧突然降临了。当伊兹尔丁和他的8个孩子、兄弟、弟媳及他们的家人正在看似安全的家里时，一枚以色列坦克火箭袭击了他们的家，炮弹在女孩的卧室里爆炸了。当时，他的女儿沙莎、玛雅尔、贝桑、阿雅和他的侄女努尔正在读书、做作业。玛雅尔、贝桑、阿雅和努尔在爆炸中丧生，沙莎严重受伤。这个灾难对伊兹尔丁来说是毁灭性的。谁能想象一时之间，失去的不仅是一个孩子，而是三个女儿和一个侄女的痛苦呢？

面对这样的打击，对于大多数人来说，悲伤伴随的必然是出离的愤怒、强烈的复仇欲望和深深的仇恨。但是阿布埃莱士博士并不是大多数人。悲惨的经历确确实实改变了他，但是朝着人们意想不到的方向。他发起了一场运动，不是愤怒的讨伐，而是一场反对仇恨和复仇的运动。他写了一本书，《我不恨：一位加沙医生的人生旅程》（*I Shall Not Hate: A Gaza Doctor's Journey*），他把自己的故事总结在书里。他的名字出现在广播、电视、报纸等的许多媒体上，并因其在国际上的宣传工作而受到世界领导人的赞扬。

我（史蒂文，本书作者之一）正在与阿布埃莱士博士合作开发一种有关仇恨的量表，让我们能够识别仇恨的组成部分，并采取具体的干预措施。作为一名医生，阿布埃莱士博士认为仇恨是会传染的，我们应该像对待其他传染性疾病一样对待仇恨。这项研究让我们得以测量北美和中东地区人群的仇恨程度。

我邀请阿布埃莱士博士参与我们的坚韧性和情商评估，因为他的生活经历和对极端压力的反应都是独一无二的。如图15.3所示。

阿布埃莱士博士是我们所见过坚韧性分值最高的人。他的最高分是坚韧性–挑战力。他将生活中的许多压力视为需要克服的挑战。他是一个富有创造力的思想家，从不纠结于问题，而是永远在寻找问题的答案。对他来说，似乎没有什么问题是不能解决的。在他看来，消除仇恨就像消除小儿麻痹症或天花一样，是一个可以实现的目标。

掌控力是他一直以来的强项。他在加沙的艰苦环境中长大，却能够在不同的国家完成医学教育求学和实践。基于培训所学，当他希望获得更多的实践经验时，他勇敢的前往以色列，在一家以色列医院里谋得一职。在伊兹尔丁看来，如果你真的想做某件事情，总会有办法的。他在以色列、巴勒斯坦和大阿拉伯世界都有很多朋友。

坚韧性弹性量表

伊兹尔丁·阿布埃莱士
2019.6.28

整体坚韧性得分：135

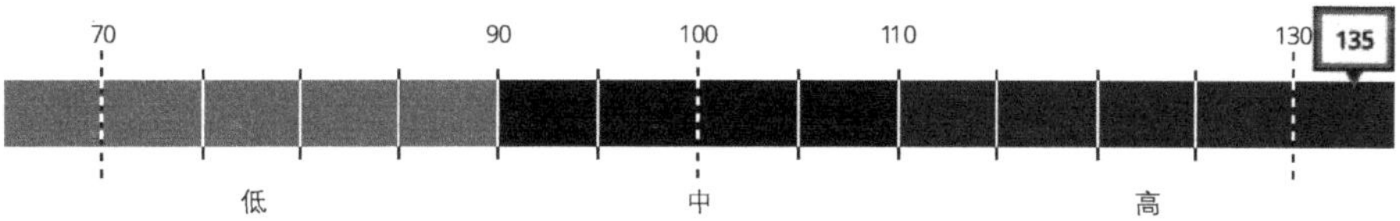

得分解读：

- 你的整体坚韧性得分在高分区间。
- 你有很强的能力，能从容应对压力和处理意外及突发状况。你的高坚韧性水平会保护你免受压力的负面影响，你有能力对压力和突发情况做出适当且健康的回应。
- 你有应对压力所必需的能力。举例：相对于忽视或回避压力情况，你更倾向适应压力并且消除它。

坚韧性分量表

挑战力 135

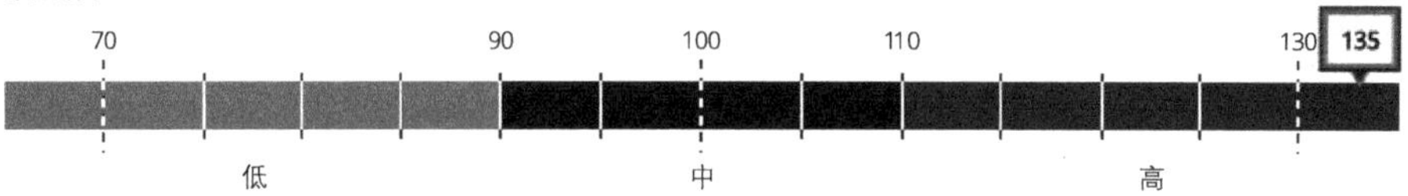

掌控力 130

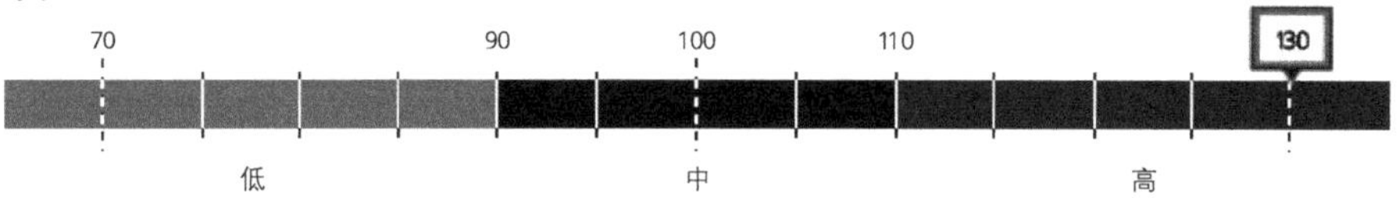

承诺力 130

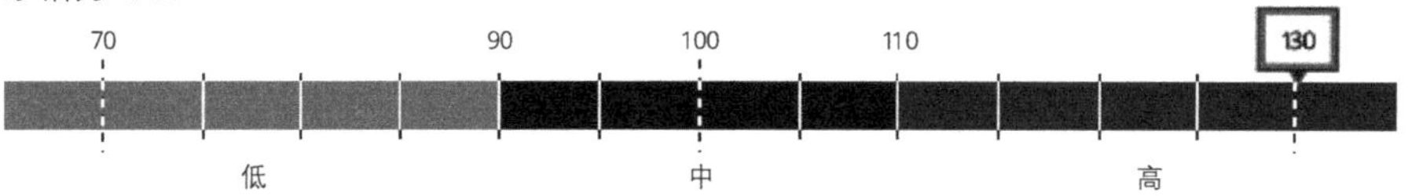

在接下来的页面中，你将发现更多关于你的挑战力、掌控力和承诺力得分的信息。在你通读个人报告时，想想看在你的日常生活中，你是如何看待这些坚韧性品质的。如果你选择执行我们为你推荐的发展策略，就可以确保你在面对压力和变化的情况时为成功做好准备。

图 15.3　伊兹尔丁 . 阿布埃莱士博士的坚韧性弹性量表

不难看出，伊兹尔丁对事业的承诺力很高。我们共同花了大量时间，运作这个令人难以置信的复杂项目，并且迄今为止，没有任何外部资金的支持。除了致力于消除仇恨，伊兹尔丁还经营着一个非营利性组织，以此纪念在炸弹中丧生的女儿，名为“生命之女基金会”，基金会的使命是旨在帮助中东妇女获得受教育的机会，帮助她们成为有能力、知识渊博的女性，她们可以畅所欲言，奋力疾呼，改变她们的社区和世界的面貌。

在我们意料之中，伊兹尔丁的情商分数非常高。他的最高分是社会责任感。考虑到他将大量的时间投入了和平事业，致力于让世界变得更美好，这样的高分就不足为奇了。他向世界各地的领导人传递了自己的信息，并将自己的职业从一次只治疗一个人的医生转变为一个影响数千人的催化者。

他的第二高得分是自信和自我实现。他的高度自我实现与他的使命和他想让世界变得更美好的愿望有关。他热爱自己的工作，全身心地投入工作。他的自信使他能把事情做好。他是个实干家，他没有耐心没完没了地闲聊。他的承诺力帮助他克服了许多困难。很难想象一个人在如此困难的环境中起步，却能达到今天的水平。

我们再次认识到，生活中的悲剧可能是非常痛苦的，但我们必须学会向前看。指责别人并不能有效地解决问题。仇恨、责备和报复不会让事情变得更好。事实上，这些情绪具有消极的生理后果。把悲伤转化为建设性的能量，不仅能帮你渡过难关，还是一种让我们缅怀和告慰离世亲人的方式。

这里有我们所有人都应该吸取的经验。从悲惨的经历中走出来，并不断向前，需要我们大幅提高坚韧性，从而让我们可以找到更强大的解决办法。虽然很少有人表现出这种程度的坚韧，但是，如果我们持续培养这种思维模式，就会充分释放我们的潜力，期待的一切也将发生。

新国家的新生活：奋斗与成就

我（史蒂芬，本书作者之一）通过向一个名为“与女性一起向上”的项目捐赠评估和评价服务，来支持这个独特的创新项目。该项目面向的是无家可归的妇女。发起人是一名充满活力的、曾经也是一名无家可归的女性莉亚·格里马尼斯，她在我的上一本书《情商领导者》（*The EQ Leader*）中出现过。

因为参与了这个项目的一部分，我们有机会回顾几十名无家可归妇女的测试方案，作为她们个人发展（通过教练）和项目评估的一部分。有一天，我的团队成员注意到这个组的一名参与者的一个不寻常的测评报告。与该项目的其他女性相比，她的坚韧性抗压能力得分异常高。比较结果如图15.4所示。在团队和她个人的允许下，我们决定进一步探索。

这名女性叫莱妮·罗斯·贝利波尔，从菲律宾移民到加拿大。她在穷苦地出生长大，伴随着贫困，童年异常艰难。她早年都生活在逆境中。莱妮的父亲是个酒鬼，母亲患有严重的抑郁症。她早早结了婚，并生养了两个孩子。她通过从事各种兼职工作来赚钱养家，其中包括利用她从祖母那里学到的本领，为客人提供按摩服务。

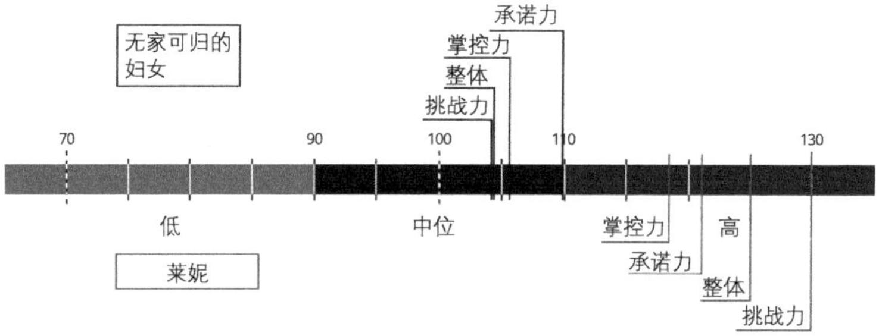

图 15.4　莱妮·罗斯·贝利波尔坚韧性得分与无家可归的妇女坚韧性得分对比

莱妮·罗斯很穷，也很绝望，她梦想着带着家人离开菲律宾，过上更好的生活。在28岁时，她赚了足够的钱可以支持自己加入一个项目——到加拿大做住家看护。在加拿大做了两年的看护之后，她申请资助丈夫和两个儿子到加拿大和她团聚。历经五年时间，该申请才被批准通过。然而，家人刚到加拿大不久，她的一个儿子就患上了癌症，并于14岁时因病去世。

与此同时，不快乐的婚姻给她带来的压力让她不堪重负，结婚29年后，她结束了婚姻，离开了她的丈夫。一方面，她逃离了自己的处境，另一方面，她已无家可归。没有家，她在避难所住了9个月。莱妮·罗斯·贝利波尔的坚韧性弹性量表如图15.5所示。

莱妮·罗斯·贝利波尔
2019.4.12

坚韧性弹性量表

整体坚韧性得分： 125

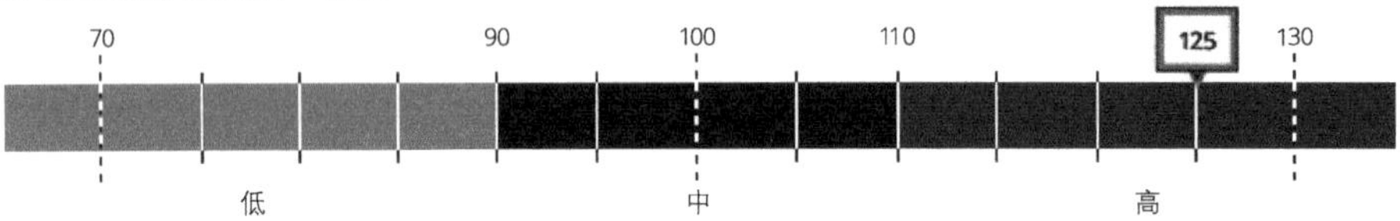

得分解读：

- 你的结果表明你的整体坚韧性水平位于高位数。
- 你可能非常有能力处理出现在你面前的压力和意想不到的情况。你高水平的坚韧性经常保护你免受压力的负面影响，你能够以健康和适应的方式应对意外和压力的情况。
- 你可能有必要的应对技巧来帮助你应对压力环境。例如，与其试图忽视或避免压力，你可能会试图解决它，消除压力的来源。

坚韧性分量表

挑战力 130

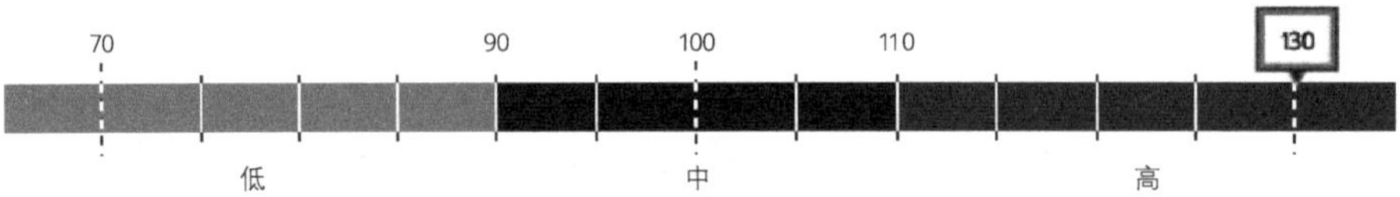

掌控力 118

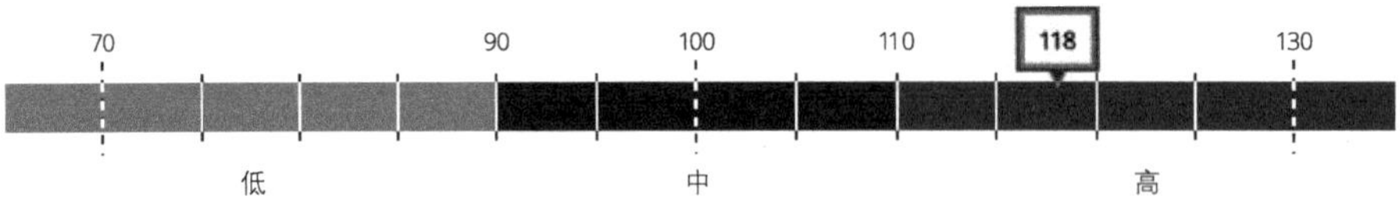

承诺力 122

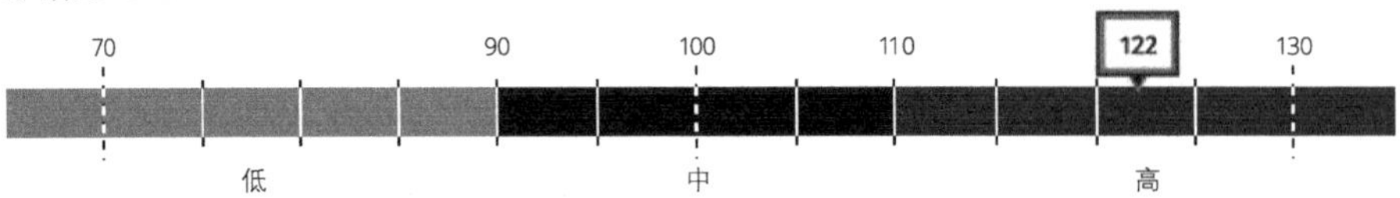

在接下来的页面中，你将发现更多关于你的挑战力、掌控力和承诺力得分的信息。在你通读个人报告时，想想看在你的日常生活中，你是如何看待这些坚韧性品质的。如果你选择执行我们为你推荐的发展策略，就可以确保你在面对压力和变化的情况时为成功做好准备。

图 15.5　莱妮·罗斯·贝利波尔的坚韧性弹性量表

莱妮·罗斯的坚韧性得分很高。当你和她交谈时会发现，她对自己的处境非常乐观。莱妮一生经历了许多创伤，但她仍然保持着积极的态度。她接受了与“与女性一起向上”提供的教练项目，并继续发展自己的技能。她参加了该项目提供的许多工作坊及个人教练。

她的坚韧性–挑战力得分也很高。她似乎从每次糟糕的经历中吸取了经验，并设法从困难的生活环境中恢复过来。当被问及她的应对策略时，她说她觉得自己能控制局面并获得支持："我喜欢读书，看奥普拉的节目。我读过《自我鞭策》（*Wayne Dyer*）和《高效能人士的七个习惯》（*Stephen Covey*）。"

莱妮高度的坚韧性–掌控力和坚韧性–挑战力可以从她不断努力变得更好和掌控自己的生活中看出来。当谈到从菲律宾移民时，她强调自己是如何一个人去马尼拉的加拿大大使馆做申请的。她是个很负责任的人，绝不会任由事情发生，她喜欢主宰自己的命运。

她的承诺力和掌控力分数反映她带着意图在生活中去发展一些有意义的事情。她想要帮助那些有和自己雷同经历的女性。她一直参与“与女性一起向上”项目，并成了其他女性的教练。她在一家非营利性组织找到了工作和住所。此外，她还参加了一些课程，使她有资格成为移民顾问，目前她正在努力建立自己的移民咨询业务。我们已经看到很多例子，那些拥有坚韧性，甚至深陷创伤境遇的人们，最后都超越了他们的生活挑战。

我们可以从莱妮的经验中学习到的是，消除一个障碍之后，我们可以继续前进并学习克服下一个障碍。每一次的胜利，都是在为下一个挑战注入如氧气一般的活力。

坚韧性让健身教练从孩子患重疾的压力中突破

罗莎莉·布朗担任健身教练已经有30多年了。她被加拿大的主流健身杂志IMPACT评为全国最佳私人教练之一，并被加拿大的领先健身训练计划机构CanFitPro评为加拿大25位最具影响力的私人教练之一。罗莎莉与娱乐界明星和专业运动员合作，包括查克·诺里斯、罗利·格雷奈尔、宝拉·阿布杜、雷诺克斯·李维斯、克里斯蒂·布林克雷、波比·胡尔和苏珊娜·苏茉尔斯等。她的健身DVD已售出超过一百万张，个人YouTube健身频道已有超过一千万次的观看记录。罗莎莉生机勃勃，热情洋溢，而且，如果你观看过她的视频就会知道，她让运动具有多么强的感染力。

在罗莎莉的身上，你也许看不出她的经历，然而悲剧同样伴随着她。她们一家人在多米尼加共和国度假后不久，女儿柯尔斯顿出现了感冒症状。很快，感冒加重，当他们带女儿去看医生时，医生告诉孩子患上了支气管炎。而随着柯尔斯顿病情的不断恶化，医生告诉他们孩子得了肺炎，并给她拍了X光片。这时，罗莎莉注意到她女儿的皮肤开始变得灰白，X光检查发现她的肺部有一个洞。她立即被空运到另一家医院，在那里她接受了气管插管和重症监护治疗。随后，罗莎莉和她的丈夫罗伯被告知医生必须检查女儿的肺部损伤情况。

六小时后，当外科医生告诉罗莎莉和罗伯他们的孩子熬不过今晚时，他们完全惊呆了。罗莎莉和她的丈夫决定保持积极，和他们的女儿一起过夜，抵抗病魔。柯尔斯顿被灌满水并靠呼吸器维持正常血压。罗莎莉从未放弃希望。她和丈夫搬到医院旁边（罗纳德·麦当劳的房子）。罗莎莉还想尽办法保持着自己基本的锻炼习惯，因为她觉得为了女儿，她也需要坚强。幸运的是，柯尔斯顿完全康复了，现在过着正常而满意的生活。

罗莎莉是一个非常坚强和有决心的人。多年来，她一直在挑战别人告诉她不能做或不应该做的事情，这些事情都与她积极坚韧的心态背道而驰。我们想看看她的坚韧性得分情况，她同意接受坚韧弹性量表测试和EQ-i 2.0测试。如图15.6所示。

坚韧性弹性量表

罗莎莉·布朗
2019.7.6

整体坚韧性得分： 116

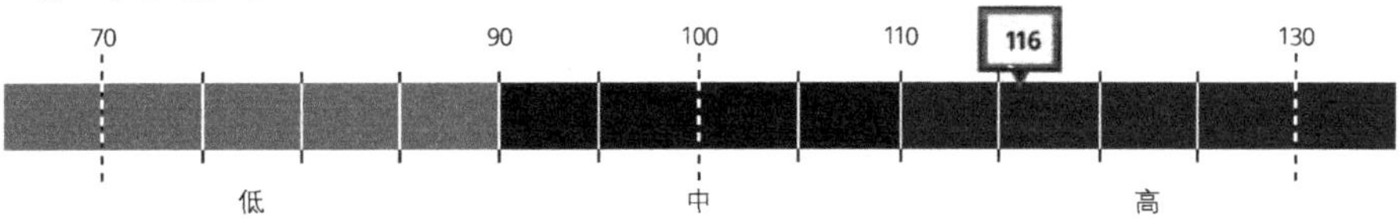

得分解读：

- 你的整体坚韧性得分在高分区间。
- 你有很强的能力，能从容应对压力和处理意外及突发状况。你的高坚韧性水平会保护你免受压力的负面影响，你有能力对压力和突发情况做出适当且健康的回应。
- 你有应对压力所必需的能力。举例：相对于忽视或回避压力情况，你更倾向适应压力并且消除它。

坚韧性分量表

挑战力 116

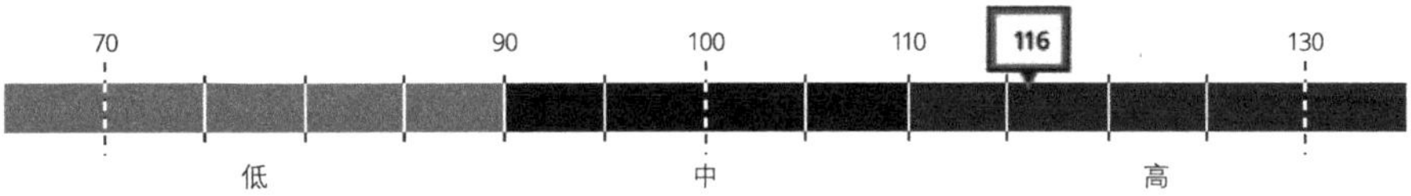

掌控力 105

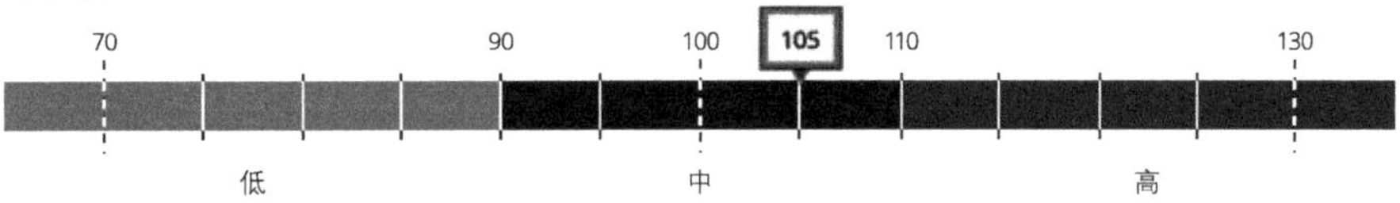

承诺力 124

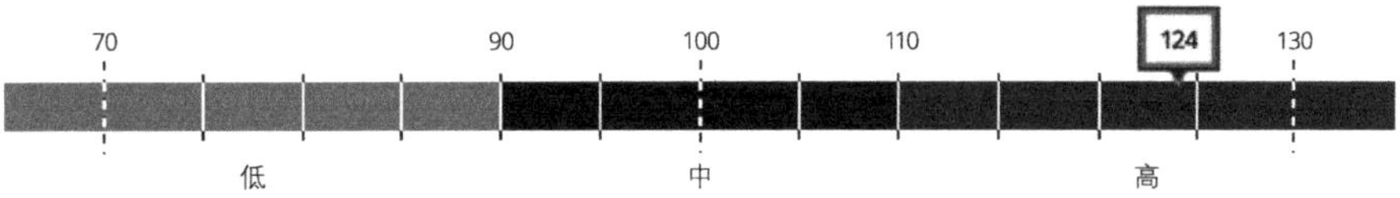

在接下来的页面中，你将发现更多关于你的挑战力、掌控力和承诺力得分的信息。在你通读个人报告时，想想看在你的日常生活中，你是如何看待这些坚韧性品质的。如果你选择执行我们为你推荐的发展策略，就可以确保你在面对压力和变化的情况时为成功做好准备。

图 15.6　罗莎莉·布朗的坚韧性弹性量表

罗莎莉的总坚韧性得分在高范围内，这是她“成事在人”的心态的体现。她分享了几个关于她的坚韧性-挑战力和坚韧性-承诺力发挥作用的故事，都表明了她把产生压力的障碍视为一种挑战，而她强烈的生活目标就是她的驱动力。我们看看几个例子就能理解这一点。

在高中的时候，罗莎莉获得了年度运动员奖，尽管她当时把自己描述为“一个热衷于意大利面但曲线优美的意大利女孩”。然而，让她变得健康和苗条的并不是她天生的运动能力，而是她听到一个同学说出的那句刻薄的话：“他为什么要和那个意大利胖女孩约会？”正是这句话，激发了罗莎莉的“我会证明给你看”。

罗莎莉有个酗酒的父亲，曾经威胁她不要浪费时间上大学。事实上，他曾表示如果她去上大学了，家里就不再欢迎她回来了。罗莎莉再一次用“我会证明给你看”的态度，让自己迈进了一所备受推崇的大学并顺利毕业。

当她42岁的时候，她需要做髋关节置换手术。她去找的第一个外科医生告诉她：“是时候改行了。你不能再教健身课程了，你应该再找一份工作。”这时，她也是说了一句“我会证明给你看”，然后，她又继续找了另一位外科医生。事实证明，她找到的那个医生一定是一名出色的外科大夫，因为如果你在YouTube上看到罗莎莉的视频，你会发现，她仍然在做着各种富有感染力的运动。

罗莎莉实际上用了“哦，是吗？我会证明给你看”作为让她继续下去的动力。她的坚韧性–承诺力得分极其高，而她的生活目标是这一驱动力的重要组成部分。研究表明，我们每天所做的决定可以控制70%的健康和衰老，只有30%的衰老是由基因控制的。

她在情商测试中的最高得分是自我实现和乐观。罗莎莉的自我实现能力很强，因为她已经找到了自己在生活中喜欢做的事情。她不仅热爱自己所做的事情，而且帮助别人保持健康的体形。她的乐观程度也极高。克服障碍的能力促使她前行，并对自己所做的事情和要去的方向保持热情。她的积极性富有感染力，她感动了许多人，使他们的身心都得到了改善。难怪她的YouTube频道有数百万的浏览量。

当我们被告知“不可以”或“你不行”时，我们可以学着接受罗莎莉的“我会证明给你看”的态度。这当然需要一定的自信和动力，但是一旦你开始了，就能在成功的基础上更进一步，从错误中吸取教训。

在这一章中，我们提供了一些现实生活中的例子来说明在不同人的生活中，坚韧性是如何发挥作用的。坚韧性的不同组成部分——承诺力、掌控力和挑战力——可以成为帮助你迈过人生道路坎坷的宝贵工具。你的心态是一个强大的盟友。正如我们所展示的，坚韧性的概念是一种帮助你构建场景的方法，在你的生活中推动你前进，实现你的目标。

结　论

我们撰写本书的目的是希望带给你看待生活中压力的一种新方法，这种方法还可能帮助你周围的人。我们已经介绍了坚韧性可以发挥的作用，通过了解并学习、发展坚韧性的3C要素，你将拥有新的工具来助力你的每一天。

我们已经概述了如何通过提高坚韧性为你的健康、工作、运动、绩效及领导力带来影响。我们预计，这本书将激励许多研究人员和其他人去寻找更多提高坚韧性的途径，以及看到更多不同的效果。我们非常期待你的分享：坚韧性提高之后，你的生活有哪些影响和变化。

本书提供了相关知识、工具及鼓舞人心的案例，我们希望这些能有效帮助你主导更富坚韧性的生活。正如在本书中所概述的那样，我们已经在许多情况下看到了坚韧性思维模式的力量。通过调整思维模式，运用坚韧性的三要素——承诺力、掌控力和挑战力来看待生活中的挑战，我们相信你可以过上更充实、更健康、更长寿的生活。